# 所谓情商高，是有分寸

说话的尺度与办事的分寸，
一相处就让人喜欢你

叶舟◎著

黑龙江教育出版社

图书在版编目（CIP）数据

所谓情商高，就是有分寸/叶舟著.--哈尔滨：
黑龙江教育出版社，2017.2
（读美文库）
ISBN 978-7-5316-9134-1

Ⅰ.①所… Ⅱ.①叶… Ⅲ.①情商－通俗读物 Ⅳ.
①B842.6-49

中国版本图书馆CIP数据核字（2017）第041207号

**所谓情商高，就是有分寸**
Suowei Qingshanggao，Jiushi Youfencun

叶舟 著

| 责任编辑 | 宋　菲 |
|---|---|
| 装帧设计 | 仙境书品 |
| 责任校对 | 张国栋 |
| 出版发行 | 黑龙江教育出版社 |
| | （哈尔滨市南岗区花园街158号） |
| 印　　刷 | 保定市西城胶印有限公司 |
| 开　　本 | 880毫米×1230毫米　1/32 |
| 印　　张 | 7 |
| 字　　数 | 140千 |
| 版　　次 | 2017年5月第1版 |
| 印　　次 | 2017年5月第1次印刷 |

书　号　　ISBN 978-7-5316-9134-1　　定　价　26.80元

黑龙江教育出版社网址：www.hljep.com.cn
如需订购图，请与我社发行中心联系。联系电话：0451-82533097　82534665
如有印装质量问题，影响阅读，请与我公司联系调换。联系电话：0312-7182726
如发现盗版图书，请向我社举报。举报电话：0451-82533087

人际关系的秘密是什么？为什么有人跟任何人都能做朋友，而有人却常常失去别人的友谊和信任？

1990年，耶鲁大学的两位教授回答了上面的问题，认为人与人之间存在着情绪智商的高低。

情绪智商，也叫情商。简单说来，情商就是理解他人并与他人相处的能力。1995年，时任《纽约时报》的科学记者丹尼尔·戈尔曼出版了世界上第一本专门讨论情商的著作，并认为"情商比智商更重要"，引起了全球性的对情商的研究与讨论。

在今天，"情商"已经成为我们的日常用语，我们熟练地用这一概念来评价自己、解释别人。有专家列举了情商高的十种表现：（1）不抱怨、不批评；（2）热情和激情；（3）包容和宽容；（4）善于沟通，善于交流，且坦诚相待，真诚有礼貌；（5）善于赞美别人，这种赞美是发自内心的、真诚的；（6）每天保持好的心情，每天早上起来，送给自己一个微笑，并且鼓励自己，告诉自己是最棒的，告诉自己是最好的，并且周围的朋友们都很喜欢自己；（7）善于聆听，聆听别人的说话，仔细听别人说什么，多听多看，而不是自己滔滔不绝；（8）敢做敢承担，不推卸责任，遇到问题，分析问题，解决问题，正视自己的优点或是不足，敢于担当；（9）每天进步一点点，说到做到，从现在起开始行动；（10）善于记住别人的名字，一定要用心。

这十种高情商的表现，的确都有益于理解他人并与他人相处。但是也有人，认为情商高的表现可以更为简短。例如说话达人秀节目《奇葩说》的主持人马东，他在自己的博客上写道："最高的情商叫自有分寸"。

马东的观点引起了广泛的共鸣，自媒体人咪蒙有感而发，专门写了一篇名为"所谓情商高，就是要有分寸感"的文章，在微信公众号上推送后，阅读量迅速超过6位数。

关于分寸感的描述，最生动的莫过于刺猬的故事。

两只刺猬在冬天的洞穴里相依为命，如果他们靠得太近，就会被对方的刺扎伤；如果他们离得太远，却又没法靠对方的体温取暖。恰到好处的距离，就是贴近对方，却又不会彼此伤害。

这引申到人际关系上，就是对分寸的拿捏。

本书围绕"人际关系中的分寸感"这一主题，通过故事娓娓道来，夹杂犀利到位的点评，饱含着对人生百态的体悟。你认真读一读其中的段落，就会知道它就是你正在寻找的理想读物。

# 目 录
### Contents

## CHAPTER 2　看透看破别说破，给人面子留人情

## CHAPTER 3　两只耳朵一张嘴，学会倾听不吃亏

CHAPTER **4**　**良言一句三冬暖，恶语伤人六月寒**

CHAPTER **5**　**内方外圆不逞强，给人留下好印象**

CHAPTER 1

**谨言慎行有分寸，世事洞明皆学问**

当你同半智半愚者谈话时，不妨说些废话；

当你同无知者谈话时，不妨大肆吹牛；

当你同睿智者谈话时，就该非常谦恭，而且要征询他们的看法。

——爱德华·布尔沃·利顿

## ◎ 上什么山，就要唱什么歌

我们时常听到有人批评某些人"少根筋"，指的就是不看情况胡言乱语，不懂察言观色瞎讲瞎说。像在寿宴上对着寿公寿婆大谈人寿保险的好处；对着孕妇说，这年头养孩子没什么好处，翅膀长硬了就飞了；对新郎新娘说今天喜宴的菜好吃极啦，下回别忘了再请我，我一定捧场；别人就要出远门旅行了，却对他大谈今年发生了多少飞机失事的意外事件……

你不想成为这样的冒失鬼吧！那具体该怎么说该怎么做呢？

### 1. 看对方的性格和性别特征

对方性格外向、开朗，你就可以随便一些，开开玩笑，斗斗嘴，他会很自然地接受；如果对方性格内向、敏感，你就可以讲一讲合适的笑话，让他开朗一些，最重要的是表现真诚，可以挖掘对方比较在意、隐藏在内心深处的话题，让对方觉得你是在真正地关心他。

有的女孩性格外向，个性鲜明，男孩子气十足，你若跟她谈化妆、美容，她也许会毫无兴趣；如果谈足球、谈姚明，她可能会兴致勃勃。针对不同的性格，你应该学会说不同的话。

同样说人胖，男性会一笑置之，而女性则可能会把脸拉下来，自尊心受到伤害，这就是性别带来的差异。所以，同样的话对男人和女人的作用是不一样的。说话时，我们就要注意到这种差异，对不同性别的人说不同的话。

有位名牌大学中文系毕业的高才生，在人才招聘会上，想让某公司经理招聘其为办公室秘书，青年人在经理面前做自我介绍时说话拐弯抹角，半天不切主题。她先说："经理，听说你们公司的环境相当不错。"经理点了点头。接着，高才生又说："现在高学历的人才是越来越多了。"经理还是点了点头，什么也没说。尔后，高才生又说："经理，秘书一般要大学毕业，要比较能写吧？"高才生的话兜了一个大大的圈子，还是未能道出自己的本意。岂料，这位经理是个急性子，他喜欢别人与他一样，说话办事干脆利落。正因为高才生未能摸透经理的性格，结果话未说完，经理便托词离去，高才生的求职也化成了泡影。

### 2. 看对方的身份特征

俗话说"秀才遇见兵，有理说不清"，如果你对普通的工人农民摆出知识分子的架子，满口之乎者也，肯定让对方满头雾水，更别说会被接受了。要是遇见文化修养较高的人，也不能开口就一副江湖气，容易引起反感，更无法获得交往的信任和好感。

全国人口普查时，一个青年普查员向一位70多岁的老太太询问："有配偶吗？"老人愣了半天，然后反问："什么配偶？"普查员解释："就是你丈夫。"老太太这才明白。

这位普查员说话不看对象，难怪会闹笑话。所以，要想获得理想的表达效果，就应当根据对象的身份说话，对什么人，说什么话。如果不看身份说话，人们听起来就会觉得别扭，甚至产生反感，那势必要影响交际效果。

### 3. 看对方的兴趣爱好

比如和有小孩的女性说话，可以说说孩子教育和柴米油盐酱醋茶；和公司职员说话，可以说说经济环境等问题……说得不深入没关系，只要你开口了，他们便会不由自主地告诉你很多关于他自己和工作上的事情。如果你还善于引导，他恐怕连心事都要掏出来了。

有个青年想向一位老中医求教针灸技巧，为了博得老中医的欢心，他在登门求教之前做了认真细致的调查了解：他了解到老中医平时爱好书法，遂浏览了一些书法方面的书籍。起初，老中医对他态度冷淡，但当青年人发现老中医案几上放着书写好的字幅时，便拿起字幅边欣赏边说："老先生这副墨宝写得雄劲挺拔，真是好书法啊！"对老中医的书法予以赞赏，促使老中医升腾起愉悦感和自豪感。接着，青年人又说："老先生，您这写的是唐代颜真卿所创的颜体吧？"这样，就进一步激发了老中医的谈话兴趣。果然，老中医的态度转变了，话也多了起来。接着，青年人对所谈话题着意挖掘、环环相扣，致使老中医精神大振，侃侃而谈。终于，老中医欣然收下了这个"懂书法"的弟子。

### 4. 看对方的年龄特征

老年人喜欢别人说他年轻，而小孩就不喜欢大人总是说他太小；中年人喜欢别人说他事业有成，家庭美满，而年轻人就喜欢别人说他有闯劲、有活力，不同年龄层次的人喜欢不同的话题。

假如你要打听对方的年龄，对小孩可以直接问："今年多大了？"对老年人则要问："您今年高寿？"我们不提倡问女士的年龄，但是如果非要问，也可以讲究方法，只要问得分寸好，就不会让别人觉得唐突、不礼貌。对年龄相近的女性可以试探说："你好像没我大？"对年龄稍大的女性则可以问："您也就30出头吧？"这样一来，大家皆大欢喜。

### 5. 看对方的心理需求

不同的人会有不同的心理需求。如果你懂得一点心理学，就很容易把话说到人的心窝里。

19世纪的维也纳，上层妇女喜欢戴一种高檐帽。她们进戏院看戏也总是戴着帽子，挡住了后排人的视线。可是戏院要求她们把帽子摘下来，她们仍然置之不理。剧院经理灵机一动，说："女士们请注意，本剧院要求观众一般都要脱帽看戏，但是年老一些的女士可以不必脱帽。"

此话一出，全场的女性都自觉地把帽子脱了下来：哪个女人愿意承认自己老啊！剧院经理就是利用了女性爱美爱年轻的心理特点和情感需求，顺利地说服了她们脱帽。

### 6. 分清内外、悲喜场合

场合中全都是自己熟悉的朋友，那么说话就可以推心置腹，天南海北，无所不谈，甚至一些放肆的话说出来也无伤大雅；但是如果在场的都是交往不深的人，就要板着点儿自己，不可肆意妄为，办事情也要公事公办，不要不分对象乱套近乎。

如果在比较随便的场合，我们可以说诸如"我顺便来看看你"这样的话，可是如果在比较庄重的场合说"我顺便来看看你"，就显得不够认真。

同样，说话还应该和场合中的气氛相协调，不能在喜庆的场合说些丧气话，也不能在悲痛的时刻说什么喜庆的事，让人心里别扭，甚至恼怒。

某农村有个老太太死在家里。亲属们一起商量后事。老太太生前嘱咐要土葬，但是现在土葬已经不合时宜了，于是大家七嘴八舌，发表个人看法。老太太的孙子说："这样吧，老太太死了不是埋掉就是烧掉。现在尸体放在家里，人来人往的，总不是个事儿，我看烧掉最好，省钱省事！"这番话听得大家十分恼火，恨不得上去打他一巴掌。

这时候，另外一个孙子上来说："奶奶走了我很难过。现在遗体放在屋子里得赶紧料理才行。奶奶生前有土葬的愿望，可土葬现在已经不行了，我看还是赶紧火化好。我是晚辈，大主意还是伯伯婶婶拿！"这番话听得大家舒舒服服，伯伯婶婶也赶紧拿了个主意，把老太太火化了。

本来老人去世是一件悲痛的事，可是第一个孙子上来就用"死了""埋掉""烧掉""尸体"这种难听的字眼，最后还来了个"省钱省事"，显得不合时宜，冷酷无情；而第二个孙子上来则情真意切，在情在理，很有分寸，自然让人听了舒服。

最后，还有一条需要注意的是：说多说少也看场合。话该说多还是说少，也得有讲究。对方如果很忙，时间很紧张，跟他说话就要简明扼要；如果不知趣，没眼色，自顾自地海阔天空，别人已经在频频看表了，你还意犹未尽，就让人尴尬了；如果在一些发表看法和见解的场合，你却惜字如金，半天不说一句话，或者只是草草讲几句就了事，也难免让人觉得索然无趣。所以，要根据不同的场合来控制自己说话的长短。

如果你能把握上述原则，说话时自然不容易出错。"见什么人说什么话"的道理可以帮你分清界限，厘清场合，让我们的交际艺术更上一层楼。

## ◎ 见什么人，就要说什么话

大千世界，芸芸众生，没有两个性格完全相同的人。正是各种各样的不同性格组成了千变万化的世界，要在这样的社会中有良好的人际关系，就要学会与各种各样的人打交道，尤其是一些难相处的人。

### 1. 与性情急躁者的交往艺术

性情急躁的人，容易兴奋，容易发怒，自我控制力差，动不动就发火，但这种人往往比较直率，不会搞什么阴谋诡计，而且他们重感情，重义气。如果与他以诚相待，他们便会视你为朋友。和性情急躁的人相处，可以采取宽容态度。当他对你发火时，可以置之不理或一笑了之，不要在气头上与他争吵。

歌德有一次在公园散步，迎面碰到一个曾对他作品提出尖锐批评的批评家。那位批评家性情急躁，他对歌德说：

"我从来不给傻子让路！"

"而我相反！"歌德幽默地说，并微笑着给那个人让了路。

于是一场无谓的争吵避免了。

一句幽默的话语，一个微笑，也许是与性情暴躁的人相处的一个很好的武器。同时赞扬也可以助你一臂之力，这种人一般比较喜欢听奉承话，听好话。因此，我们要不失时机，恰如其分地赞扬他。与之交往，宜多采用正面的方式，而谨慎运用反面的、批评的方式。

### 2. 与性格孤僻者的相处艺术

心理学家认为：人类得到情感上的满足有四个来源：恋爱、家庭、朋友和社会。一个人的孤独程度，取决于他同这四个方面的关系如何。

性格孤僻的人，往往表现为情感内向，不善于与人交流，整日禁锢在自己的天地，郁郁寡欢。他们往往是因为无法处理好以上四种关系，缺乏亲情、友情、爱情，才会导致形成这种性格。若要以朋友身份与他们友好相处，必须做好四个方面的工作。

首先要在学习、工作、生活中给予他们关心和帮助，使他们感受到友谊的温暖，与你初步建立友谊。

性格孤僻的人一般不爱与人交谈，即便是特别关心的事，也不愿主动开口。我们必须多主动引导他们谈话，选择他们感兴趣的话题，打开话匣子。谈话中要多留有时间和机会让他们发表意见。由于性格孤僻的人往往猜疑心较重，所以说话要注意方式和措辞，观察对方的反应。

与性格孤僻者初步交往后，要积极引导他们多读些书，多了解些见闻，以开阔视野，树立正确的人生观、价值观，帮助他们学会如何与人交往，建立良好的人际关系，只有这样，才能使交往深入，友谊升华。

多引导对方参加集体活动，使之从个人的小圈子里释放出来，感受到与人交往的乐趣，感受到集体的温暖与快乐。与大家接触久了，心境开阔，心情开朗，才能更好地相处下去。

### 3. 与心胸狭窄者的交往艺术

心胸狭窄者往往容不下人，容不得事。遇到比自己强的人，便心生嫉妒；遇到于己不利的事便忌恨在心。

《三国演义》中的周瑜便是这样。他是东吴的都督，为了抵抗曹操百万大军的南下，与西蜀丞相诸葛亮共商国计。周瑜见诸葛亮处处高出自己一筹，妒火中烧，屡次加害；诸葛亮则处处从联合抗敌的大局出发，不计个人荣辱得失，从而保证吴蜀的军事联盟，打败曹操83万大军，为自己事业的兴旺发达奠定了基础。

诸葛亮在与心胸狭窄者如何交往方面树立了典范：首先，要有大度的气量。俗话说："宰相肚里能撑船"，与心胸狭窄者相处，要有宽大的胸怀，以此感染对方，不可与他斤斤计较。但气量不是天生的，要靠个人的修养来完成。高尔基说："一个人追求的目标越高，他的才能就发展得越快。"诸葛亮之所以对周瑜的迫害毫不计较，因为他心系国家，胸有大志，以大局为重，不以个人恩怨得失处理国事，重大业而轻小侮。

其次，还要有忍让的精神。忍让，绝不是软弱，也不是毫无原则的迁就。它是心怀宽广的表现，是目光远大的表现。周瑜之所以心胸狭窄，因为他"只见树木，不见森林"，不能从全局出发，而只盯上诸葛亮比他强这一点。而诸葛亮"大人不计小人过"，巧妙地同周瑜进行周旋，使联盟的计划得以实现。由此可见，心胸狭窄的人极容易错误地估计形势，错误地对待人和事。因此，对心胸狭窄的人发扬忍让精神，绝不意味着迁就他的错误。

## ◎ 善意谎言，说对了也很美

人们在谈交际的问题时，都觉得应该遵循诚实的原则，"精诚所至，金石为开"。这固然是对的，诚实能够取信于人，但是绝不可以把事情绝对化，以为"真诚"所至，任何"金石"都会为之动容，这恐怕不是生活的全部。实际上生活是错综复杂的，是丰富多彩的，有时秘而不宣，声东击西，反倒能收到好的效果。有时你再怎么推心置腹，那"金石"总是不开，在这种情况下，如果不采用变通的手段，是不能达到交际目的的，因此，可以这样说，有些时候，善意的谎言也很美，它比那些刻板的真诚效果要好得多。也就是说，善意的谎言也是一种很美的交际方式。自然，如果一个人以制造谎言为业，把它作为一种主要的交际手段，当然是不可取的。

如果谎言只是一种可能的选择，那么，一个人首先应该寻求诚实的方法。只有当谎言是最后的手段时，一个人才开始考虑在道义上它是否能得到辩解。就是说谎言是不得已而为之，且要符合道德规范。生活中的谎言类型是很多的：

### 1. 对付邪恶，保护自己正当利益的谎言

某县一位粮食局局长，被省粮食厅厅长"借"去了价值500万元的粮食，久久不还，造成重大损失，被以渎职罪提起公诉。在案件调查中，他冥思苦想，想到一个小小的计谋。他主动请检察院给他下了一张拘留审查的传票并请公安人员监押他去省城厅长家，临行前他买了几十盒山楂丸，去盒加工，换上冠心舒心丸的包装。一到厅长家，进屋就大口喘气，掏出"冠心舒心丸"往嘴里扔。见到厅长，一把鼻涕一把眼泪，"家有八十岁的老娘，四个未成年的孩子，老伴风湿病，我有心脏病，检察院已下传票了，我这个家完了，请厅长可怜可怜。"公安人员及时出示拘留审查证，他又掏出"冠心舒心丸"往嘴里扔，然后又大喘气，用手摩擦前胸，看样子马上就要倒下了，把厅长闹了个手足无措，赶忙表示"明天就解决"。于是他又感激涕零，并说明"今天晚上就住在厅长家了，等候天明钱到手就起程"，掏出"冠心舒心丸"又往嘴里扔。厅长的小孙子恐惧地问："爷爷，这位伯伯不会死在咱们家吧？"厅长有苦难言直摇头。没出三天，500万元就收回了。局长走出厅长家大门找个垃圾箱，"哗"的一声把"冠心舒心丸"都倒进了垃圾箱。

### 2. 精神安慰的谎言

如果你的朋友万分惆怅，你和他也一同泡在悲伤的泪水里，那朋友一定还是备受痛苦的煎熬。这时候不如用谎言来安慰她，那样可以帮助朋友摆脱痛苦，鼓起生活的勇气。女工小A从小生长在缺少温暖的家庭中，她沉默寡言，甚至没有一个可心的朋友。一天她又旧病复发，实在得不到一点亲人的关怀和温暖，心情灰暗沮丧，对人生失去了希望。与A同室的女工B，很同情A，但尽力安慰也无济于事，便心生一计。第二天，她模仿男孩子的笔迹，以倾慕者的口吻，给小A写了一封信，信中写道："我其实对你的好感已有几年

了，遗憾的是你未曾察觉，因你从不愿与人说话，使我没有表示的机会。别人都说你悲观消沉，孤陋寡闻，可我就是喜欢你的文静，你知道吗？这才是女性的沉稳、温柔之美……只要你对生活充满信心，改变对生活的态度，你的眸子就会放射出光芒来……我随时都愿意为你效劳。"小A收到了这封没有地址没有署名的来信，激动万分，她在梦里还笑着说："他是谁？这个世界上居然还有人爱我，我怎么不知道？"从此她感到世界是温暖的，世界是可爱的，后来她组建了小家庭，有了能干而体贴的丈夫，她自己又聪明又勤劳，几次当上了劳动模范。一番谎言，竟然使濒临绝境的人获得新生。

### 3. 应付生活中尴尬的谎言

在生活中的某些情况下，如果实话实说，可能会闹得彼此都难堪，导致不好的结果。如果恰如其分地说些"谎话"，就能取得较好效果。有这样一件事：有一家旅馆招收一名职员，有甲、乙、丙三位男性应聘者进行应试，老板问："假如你无意中推开房门看见女顾客一丝不挂地在淋浴，而她也看见你了，这时你怎么办？"三个应聘者的回答分别是：

甲：说声"对不起"，就关门退出。

乙：说声"对不起，小姐"，就关门退出。

丙：说声"对不起，先生"，就关门退出。

结果是丙被录用了，原因是丙回答比其他两位巧妙，甲乙虽然说的是实话，但于事无补。而丙说的是谎言，却非同凡响。女顾客见到一位男服务员看见自己光着身子淋浴，心里自然不快，也很害羞，可是对方竟称她为"先生"，她就会想：他竟连我是女的都没看出来，那大概是没有看清楚吧。这样就大大降低了尴尬的程度。男服务员一方面故作糊涂，而顾客也可能深信对方而不产生怀疑，真可以说是两全其美了。

生活中需要用"谎言"点缀的地方有很多，只要我们用得恰当，就能让我们的交际活动大放异彩。

## ◎ 察言观色，感知对方内心

俗话说："出门看天色，进门看脸色。"无论做什么事，对什么人，都要细心观察，摸清对方的心思后，再付诸行动，才能做到百发百中。一个人内心的想法，可以用文字表达出来，但是更多的是从语言与表情上流露出来。在交谈中要注意倾听对方的台词，分析他话语中的内涵，如果不会察言观色，便不能领会说者所要表达的意思，从而也不能做出正确的判断。

在日常工作和生活中，我们可以发现，有些人擅长察言观色，洞察心理，而有些人对别人的态度变化则显得迟钝。这是由于各人的天资、能力、个性、生活阅历和社会经验等方面都存在着不同的差异，因而对一件事情就可能产生了不同的看法。又由于各人的地位、担负的工作及生活习惯不同，从不同的角度去观察问题时，也会得出不同的结论。由此也可以说明人们的敏感性和洞察力是有一定差别的。

只要你留心观察对方的一言一行，你会从对方的神态和表情中发现他所流露出的内心变化。善听弦外之音是"察言"的关键所在，因为言谈能告诉你一个人的地位、性格、品质及流露出的内心情绪。

与别人交谈时，只要我们留心，就可以从谈话中探知别人的内心世界。

### 1. 由话题知心理

人们平时的情绪都会不知不觉地从话题中呈现出来。话题的种类是形形色色的，如果要了解对方的性格、气质、想法，最容易着手的步骤，就是要观察话题与说话者本身的相关状况，从这里能获得很多的信息。

### 2. 措辞的习惯流露出的"秘密"

人的种种曲折的深层心理会不知不觉地反映在自我表现的手段——措辞上。语言可以表明出身，语言除了在社会、阶层或地理上的差别外，还可以因个人的水平不同而出现差别。即使同自己想表现的自我形象无关，通过分析措辞常常就可以大体上看出这个人的真实形象，在这种意义上，正是本人没意识到的措辞的特征比词语的内容更为准确地告诉我们其人自身。

### 3. 说话方式反映真实想法

一般来说，只要仔细揣摩，在说话方式里都可以清楚地表现出一个人的感情或意见，即使是弦外之音也能从说话的帘幕下逐渐透露出来。

如果你想套知某人某方面的消息，你就和他从一个平常的话题切入，然后认真倾听、提问、倾听……一步步达到自己的目的，对方在高兴之余，也忘了提防，相反还会认为你是一个很好的倾听者，很善解人意呢。这也就是所谓的"暗语"，"暗语"是一种"擦边球式的语言"，它的妙处在于隐晦而不明说，但说者自有深意暗藏。

交谈的过程就是传达信息的过程，然而对方有时透露的信息是模糊的或是虚假的，并非他的真实想法，因此必须投石问路摸清对方意图。摸透对方的心思，知己知彼，说出符合对方利益需求的条件，同时兼顾自己的利益，对症下药，从而达到双赢。

战国七雄之一的齐国，有一位宰相名叫田婴，虽然处于乱世，但他治国有方，使得齐国威名远扬。对于个人处世之道，他也懂得极多，使得他能够经历三朝，任宰相职位达十余年之久。他任宰相时，想到齐王后去世时，后宫有10位齐王宠爱的嫔妃，其中必有一位会继任王后，但究竟是哪一位，齐王并不做明确的表示。

身为宰相的田婴于是开始动脑筋。他认为如果能确定哪一位是齐王最宠爱的妃子，然后加以推荐，定能博得齐王的欢心，并且对他倍加信赖；同时，新后也会对他另眼相看。可是，万一弄错的话，事情反而糟糕，所以必须想个办法，试探一下齐王的心意。

于是田婴命工人赶紧打造10副耳环，而其中一副要做得特别精巧美丽。

田婴把10副耳环献给齐王，齐王于是分别赏赐给10位宠妃。次日，田婴再拜见齐王时，发现齐王的爱妃之中，有一位戴着那副特别精美的耳环。

于是田婴向齐王举荐那位戴着精美耳环的妃子为王后，齐王顺势答应。

人常说："不打勤的，不打懒的，专打不长眼的。"这话说得实在有道理。

因此，我们在生活中一定要学会察言观色。


## ◎　表达认同，要配合其言行

在和人打交道的过程中，我们都有这样的经历，当我们在提出某个意见的时候，如果恰好此时有人表达认同，肯定地说一声：

"这个方案不错。"我们心中会非常高兴，进而对这位有同样观点的同事就会很有好感，如果此后两人的观点都能得到对方的肯定和认可，他们会很快成为相互信任的朋友。

这种现象是一种配合言行行为，其实也就是一种认同。认同心和赞美对方一样，是赢得对方信任的有效方法，通过表达认同心，让他人感受到你在理解他，关心他，是与他站在一起的。

例如，我们可以用以下几种方法来表达认同心：

（1）向对方表示同意他的想法。例如：

"王总，我同意您关于成本优先的看法。"

"王总，您这样做绝对是正确的。"

"王总，您有这样的想法真的是太好了。"

（2）向对方表示他所关心的需求或问题未被满足所带来的后果。例如：

"王总，如果成本没有办法降下来，那后果可真的无法想象。"

"王总，电脑经常死机，确实会严重影响您的工作效率。"

在和他人交谈时，如果你能用三言两语恰到好处地表达出你对对方的好感，或肯定其成就及方案，就会让对方感觉到温暖，让对方产生一见如故的印象。

另外赞美对方的品质，或同情其处境，或安慰其不幸，也会让对方顷刻间感到温暖，使对方产生一见如故、欣逢知己的感觉。

（1）我们可以这样表达表示理解和能够体会对方目前的感受。例如：

"张姐，我可以理解您现在的感受，以前我也遇到过。"

"张姐，如果我出现这样的事情，我也会这么想。"

（2）向对方表示她的想法不是单独的，自己以前也遇到过。例如：

"张姐，尽可能地化干戈为玉帛，这对任何一个人都重要。"

"张姐，我以前的同事也曾说过这样做很重要。"

在面对面交谈的时候可以达到让对方感到温暖的程度，用电话和从未见面的人交谈时适当地表情达意同样能使对方感动不已。在美国爱荷华州的达文波特市，有一个极具人情味的服务项目——全天候电话聊天。据统计，每个月有近200名孤单寂寞者参与这个服务项目。接听这个电话的专家们最得人心的是第一句话："今天我也和您一样感到孤独、寂寞、凄凉。"这句话表达的是对孤单寂寞者的充分理解之情，因而产生了强烈的共鸣作用，因此，许多听众都愿意把自己的知心话向主持人倾诉。

要紧紧抓住对方内心，就要准确地掌握对方的心理。人的心理十分微妙，即使同样的一句话也会因对方的情绪变化（或自己的说话方式不同）而得到不同的解读。读懂对方的内心才能控制其情绪的变化，才能够正确表达自己的同情心，恰当地选择语言和姿势，和对方形成互动。沉默的人就是一扇关闭的门，如果你在交流中稍有不慎，那么对方就永远不会向你打开心扉。

比如在和他人交往中，我们会发现有的人非常善解人意，能够在我们需要帮助的时候及时帮助我们；在我们需要安慰的时候，会过来安慰我们，这并不代表对方有多聪明，而只是其更具有同情心，更能体会别人的感受。

在公司管理中，经常有领导发牢骚说现在的员工虽然能做到尊重上司或前辈，并妥善处理自己分内的工作，但缺乏独立判断能力和积极性。只要做完分派的工作，即使有剩余时间也不会主动去做什么。一到下班时间，立刻走人，即使看到前辈或上司仍在忙碌也无动于衷，"事不关己，高高挂起"的心理普遍存在。

有的领导会针对这种情况，开大会，给员工讲道理，其实这种方法所产生的效果微乎其微。大多数人会以"就是不喜欢"或"没什么理由，就是不愿意"为由来拒绝对方的说教。这时作为管理层首先可以先肯定其行为，然后再想办法唤起其行为动机。虽然人的思维方式会随着时代而改变，但情感、需求、本能等本质的东西是不容易改变的，即便是年轻人也会接受行为动机的引导。如果能形成发现问题并主动解决问题的积极的工作氛围，情形就会大不一样，年轻人也有为取得成就而积极进取的需求。这就需要领导能够体会员工的心理，采用正确方法诱导。

在生活中我们想要留给对方一个好印象或者让对方产生好感，也可以在其悲伤或者难过的时候，说声"我也曾经这样过""我也替你难过"这样的话来缓解对方的痛苦，让对方找到温暖。这样他们自然而然就会对你产生好感，尤其是生活在如今人情日渐淡薄的社会，每个人都希望有人理解，渴望得到他人温暖的安慰。

## ◎ 和人分享，可以赢得信任

分享阳光，就懂得分担风雨的沉重；分享快乐，就懂得分担痛苦的忧伤；分享成功，就懂得分担付出的艰辛。生活中一个懂得分享的人，是一个有爱心和责任心的人；一个懂得分享的人，是一个在生活中知冷暖知风雨的人；一个懂得分享的人，也是一个人格高尚和有着博大无私的爱的人。

当我们在和厨师分享美食的时候，我们懂得了厨师的辛劳；当我们在和果农分享丰收的果实时，就懂得了花开的过程和劳作的辛苦；当我们在和他人分享喜悦之时，就要懂得付出者的汗水和泪水；当和他人分享我们自己生命里的每一次感动，那么就懂得了感恩和宽容！在分享中，我们更加懂得了生活，更加懂得了他人，人和人之间的距离也就更近了。

比如当某个同事或者朋友情绪低落或者遇到了什么困难时，我们可以去安慰他，这时候他们是最需要有人安慰的，让他们倾诉自己内心积蓄的痛苦，让他们的情绪慢慢平静下来。在这个过程中，其实我们只是做了一件举手之劳的事情，但是，对方却能感受到莫大的安慰和力量。在这个过程中我们也可以分享自己曾遇到的痛苦，这样，彼此之间就会变得更加亲密。

人与人之间还有很多东西可以分享，当我们想和别人拉近距离的时候，可以展现自己的内心世界，让彼此了解得更深，走得更近。当然我们不必告诉别人内心深处的大秘密，可以谈谈自己的周末的快乐出行计划、一部刚看过的搞笑电影、假期安排、家庭或者业余爱好，等等。谈一些轻松快乐的事情，不仅能够给我们带来快乐，也同样可以让我们获得更多快乐，更多地了解他人。

有些东西很容易分享，而有些东西却不容易分享，比如当有些人成功的时候，他就不希望别人分享自己的成功之道，那么他成功的快乐，只能和自己分享。然而，真正的成功来自于周围的亲友因你的付出而获得改善，他人因为分享了你的成功感受，而获得前进的动力，这才是功德无量的。虽然我们不是在做慈善事业，尚没有能力普度众生，但是，我们可以发挥一己之力，对亲友，对那些有缘相遇的陌生朋友，伸出我们的手，在他们需要的时候，帮他们一把，其实帮助他人，和他人一起分享成功，你才会走得更远，更成功。

万事开头难，我们刚开始创业的时候，是最艰难的时期，那个时候我们会面临商业竞争中的尔虞我诈，人情冷暖，等等。但是，在这个时候，作为创业者要想让自己的事业走向正轨，就要懂得分享，和自己的创业伙伴分享财富、分享经验，等等。

但在创业过程中有些人却没有看到分享的重要性。有很多人在创业之初做得欣欣向荣，却随着利润的增加，便开始计较分多分少的问题，最后不欢而散，在创业还未达到顶级状态的时候就倒闭了，所以分享的精神在创业过程中也是非常重要的。

俞敏洪曾经用了一个简单的例子对学生讲述了这个道理。"比如说现在你有六个苹果，你有两个选择。第一，你一口把它们全部吃掉，但你也可以自己吃一个，给别人分五个。表面上你丢了五个苹果，实际上你一点也没丢，因为你获得了五个人的友谊。当你有困难的时候，他们就很愿意来帮你。我吃了你一个苹果，当我有橘子的时候，无论如何我要分你一个橘子，你用这种方式收集了另外的五种水果。"

只有懂得分享，才能取得更多，这个道理值得人深思。

作为企业的领导也要懂得分享，鼓励员工公开表达他们的想法，分享他们所关心的问题。这样，领导才能制订出合理、合时宜的公司管理策略，才能做个更好的领导。

同样作为企业的员工，我们想要在工作中有进步，在企业中有发展，就要融入这个团队，和其他员工友好相处，多和同事分享对工作的看法，多听取和接受他人的意见，多参与同事间的活动，体贴关心别人，不要自恃高雅成为孤家寡人，要跟每一位同事都保持友好的关系。在组织中，如果你被孤立起来，那将是件很危险的事。

某公司，有一个能力很强的员工，因为在与客户的谈判中表现突出，为公司创造了良好的效益，所以，非常受经理的重视，得到了经理的表扬。这次谈判使他更加认识了自己的价值，经理的赞赏使他觉得自己非同一般。在日常工作中，他开始不和其他同事交往、沟通，认为自己什么都懂，万事不求人，一副自高自大、目中无人的样子，况且他不愿意和人分享，当有同事虚心向他请教的时候，他对同事也是冷嘲热讽一番，结果他成了公司里的独行侠，独来独往。

这位员工的态度使得同事们渐渐疏离了他，都不愿意与他合作。于是，他成了被孤立的人，在许多事情上都陷入了极其尴尬的境地。

在一次业务办理中，由于他没有及时了解到公司的新规定，还按原来的规定行事，结果判断失误给公司造成了不小的损失。同事的讥笑、经理的恼怒，使他无法再继续待下去，他很不体面地自行辞职离开了公司。

其实，公司出了新规定，只要有个人告诉他一声，就不会出现这么大的失误了，就是因为他在平日里，不懂得和大家分享成功，没和同事们把关系处理好，才导致自己出现这样的惨局。懂得分享才能让我们的工作更加顺利，更加成功。

分享一首磅礴的乐曲，既可以陶冶人的情操，又可以使人产生前进的动力；分享一部佳片电影，既能满足视觉和感官上的冲击，也可以带来精神上无限的享受。分享帮助我们在错误中、懊悔中渐渐觉醒成熟，分享伴随着我们在风雨中、逆境中举步前行；分享簇拥着我们在激励中、掌声中迈向新的起点。

分享谁也无法抵挡，只要你有爱心，你就会享受分享；只要你能召唤生活的精彩，分享就会拥抱于你。分享如此简单，让我们在分享中活出更精彩的人生。

## ◎　先抑后扬，对方心情舒畅

美国心理学家阿伦森·兰迪做过一个实验。他把被试者分为四组，施行不同的措施，结果也不同。分别如下：

对第一组被试者始终否定（－，－），被试者不满意。

对第二组被试者始终肯定（＋，＋），被试者表现为满意。

对第三组被试者先否定后肯定（－，＋），被试者最满意。

对第四组被试者先肯定后否定（＋，－），被试者表现为最不满意。

通过这个心理实验，我们可以看出，当人们先被肯定，后被否定后，心情是最糟糕的。其实，这种情况在生活中也很普遍，平时人们常说："磕一千个头后放一个屁，效果全无""有一百个好，最后一个不好可结成冤家"，说的就是这个道理。

某汽车销售公司的老李，每月都能卖出30辆以上的汽车，深得公司经理的赏识。可是这个月因为市场萧条，生意做得不太顺利，老李预计当月只能卖出10辆车。但是当一向赏识他的经理在问他这个月估计能卖多少辆的时候，他当时虚荣心膨胀，为了能够再次获得老板的赏识，便夸口这个月虽然经济不景气，但卖12辆没有问题。

这个月老李到处去卖车，到处打电话，度过了这个最辛苦的一个月，然而，最后他仅卖出了10辆车，公司经理知道后，对他有了看法，批评他这个月没有努力，没有给公司创收。此时的老李百口难辩。

一向会为人的老李，这次可是吃了大亏。其实每个人的生活都不可能是一帆风顺的，工作不一定总是业绩突出，尤其是做销售行业的，其销售得好坏，不仅仅在于这个人怎么努力，还有市场环境因素。如果当时老李能够转个脑筋，采用先抑后扬的策略，告诉经理实际情况，然后保守地估计一下，比如估计数为8辆，经理心中有了数，有了底，等到老李多卖出两辆的时候，经理一定会再一次对老李另眼相看的。

试验中已经表明先被否定后被肯定的人最为满意，那么我们就应该学习这种方法，把其应用到现实生活中，来赢得他人好感。

某公司自成立以来，多年盈利，蒸蒸日上，然而遇到了经济危机，这一年的盈余突然出现了大幅滑落。这绝不能怪员工，因为大家为公司拼命的情况，丝毫不比往年差，甚至可以说，由于人人意识到经济的不景气，干得比以前更卖力。

然而，这也就愈发加重了董事长的心头负担，因为眼看着就要过年了，按照往年惯例，年终奖金最少也要加发两个月，多的时候，甚至再加倍。

可是今年公司效益不好，算来算去，顶多也只能给一个月的奖金了。

一天，他找到总经理商讨这件事情，董事长说："这么多年下来，都是给几个月的奖金，员工都已经习惯了，如果要让他们知道今年只发一个月的奖金，不知道员工的士气该怎样低落呢！许多员工都以为今年最少得加两个月，恐怕飞机票、新家具都订好了，只等拿奖金就出去度假或付账单呢！这可怎么办呢？"

总经理也愁眉苦脸了："好像给孩子糖吃，每次都抓一大把，现在突然改成两颗，小孩一定会吵。"

"对了！"董事长突然灵机一动，"你倒使我想起小时候到店里买糖，当时我们总喜欢找同一个店员，因为别的店员都先抓一大把，拿去称，然后再一颗颗地往回扣。可是唯有那个店员做法不同，他每次都抓不足重量，然后一颗颗往上加。说实在话，最后拿到的糖没有什么不同，但我就是喜欢去那位店员那里买糖果，感觉买得多。要么，咱们这么办吧……"

没过两天，公司突然传出小道消息。

"由于营业不佳，年底要裁员……"

人们听到这个消息，顿时人心惶惶了。每个人都在猜，会不会是自己。最基层的员工想："一定由下面开始裁员。"上面的主管则想："我的薪水最高，只怕从我这里开刀！"

但是，紧跟着总经理又宣布了一件事情："公司虽然艰苦，但大家同在一条船，再怎么危险，也不愿牺牲共患难的同事，只是年终奖金，绝不可能发了。"

听说不裁员，员工心头上的石头总算落了地，那不至于卷铺盖走人的窃喜，早压过了没有年终奖金的失落。

眼看除夕将至，人人都做了过个穷年的打算，彼此约好拜年不送礼，以共度时艰。

突然，董事长召集各部门主管开会。看主管们匆匆上楼，员工们面面相觑，心里都有点七上八下："难道又变了卦？"

是变了卦，没几分钟，主管纷纷冲进自己的部门，兴奋地高喊着："有了！有了！还是有年终奖金，整整一个月，马上发下来，让大家过个好年！"

整个公司大楼，爆发出一片欢呼，连坐在顶楼的董事长，都感觉到了地板的震动……

这位董事长给那些不会发奖金的老板上了一课。与其因最好的企盼，造成最大的失望，不如先抑后扬，用最坏的打算，带来意外的欣喜。

当然，我们也可以采用这种方法来给对方一个小惊喜。

"灵儿，真是不好意思，我今天下午突然有急事，可能要晚点到你那里。"晴晴给自己的老同学打电话。

"啊，要晚多久？"灵儿下午还有另外的安排，所以有点不高兴。

"大概可能会晚40分钟吧，真是不好意思呀！"

"好的，40分钟，等你。"

实际上，晴晴十几分钟就匆匆赶来了。看到上气不接下气的晴晴，灵儿感到很是意外。

我们通过先降低对方期望值，然后再突如其来地做出超过对方的期望的事情，让对方感到意外，同时，也使其感到了喜悦。这种方法怎么会不能笼络人心呢？

如果我们是不苟言笑的公司经理，那么偶尔对员工露出一个微笑，就会让员工备受鼓舞，做出更好的业绩。这也是先抑后扬的变相方法。

先否定后肯定，先抑后扬给人的心里感觉更好。我们在日常交往中，也可以使用这种方法，先降低别人的心理期望值，然后突如其来地超出他的期望，让他吃惊，惊喜一番，他就会对你产生格外的好感。

## ◎ 注意细节，打动对方的心

我们写文章讲究"文以情动人"，同样的道理，想要求人办事时，也可以以感情为突破口，以各种方式，拨动对方的心弦，引起其情感上的共鸣，从而达到办事的目的。求人办事并不总是在熟人之间进行，有时不得不闯入陌生人的领地。当我们进入一个陌生的人际环境里，想要迅速打开局面，首先要寻求办事的突破口，也就是说要搞定对方心理，让对方对我们产生好感，进而促成对方把事情办成。

当我们要求人办事的时候，求人者与被求者双方会有一种距离感，这会让谈话难以融洽地进行。这时我们就可以通过一些让两人关系更亲密的技巧，让彼此之间的距离缩短。

只要留心，一见面对方就有很多外在的、内在的信息展现在你眼前，如年龄、衣着、身体状况、生活习惯、爱好兴趣，甚至神态心理等，抓住这些细节，借题发挥，与人套近乎，就有助于把事情办成。

小梁第一次踏进人事局局长家，刚落座，从里边走出来一位穿中山装的老人。打个招呼后，小梁立即发现这位老人胸前戴着一枚圆圆的毛主席像章，于是便说道：

"老伯，您这个像章是从韶山带回来的吧？"

"呵呵，小伙子蛮有眼力的。我这像章呀，可是十几年前的真货，那时候我在韶山……"

"你跟他说毛主席啊，几天几夜有他讲的哟。"老人儿媳走过来笑着插言，"我爸可是正正经经的思想研究协会会员哩。"

小梁这一个发现便打开了这个家庭的话匣子，谈话的气氛非常融洽，事情谈得当然顺利。

一天晚上，小张到某同事家做客。自我介绍后，挨着一个五六岁的女孩坐下，笑盈盈地问："小朋友上幼儿园了吧？"

小女孩睁大眼睛点点头。

"会拍手掌吧？"

"我会说，我会拍！"小女孩一下被小张给逗乐了，伸出双手便和小张玩了起来。很快，小张和小女孩打成一片，旁边小女孩的爸爸妈妈也格外开心。

后来，小张成了这位同事的好朋友。

小张的交际成功就在于他平时做了有心人，积累了小孩的某些游戏知识和手段，并适时施展出来，发挥了作用。

小梁和小张就是非常有心的人，能够在交谈中注意捕捉细节，以所求之人家中的老人、孩子等亲人为纽带，打开话匣子，达到办事的目的，这是一种很理想的方法。

除此之外，在沟通中通过称呼对方的昵称或者直呼其名这个细节，也可以拉近彼此的距离，达到成事的目的。

因为从心理学的观点看，当两人心理上的距离愈来愈靠近时，他们的称呼也从头衔到姓、到名。但也有些人虽然见面不久，不算是亲密，但若他极欲亲近对方，也不妨以名字或昵称来称呼。

一位教师讲述他自己经历的事："某次有位从前我教过的学生来要求我为他做媒，当时我便问他们两人的关系何以如此快速地进展。他回答说：'某次我与她见面时，她突然直接喊起我的名字，使我顿时感到与她的关系是如此亲近。'而在此之前他们两个只以姓氏互称而已，可见称呼对拉近两人心理上的距离有很大的影响。"

因此，找人办事时如果一时难以接近，不妨利用称呼的方式，这样能够拉近彼此的距离，让彼此的关系更为融洽，而且口吻必须自然，不可让对方感觉你是在装腔作势。两人的距离若是因此而接近，那么如果想要办点事情就容易得多了。

感情投资，不在乎有没有东西或者东西的多少，有些时候也许一钱不值的小东西也能笼络人心。注意细节，可以笼络人心，也可以让总裁获得员工的支持。

福克斯波罗公司在早期的时候，急需一项性命攸关的技术改造。

有一天深夜，一位科学家拿了一台确实能解决问题的原型机，闯进了总裁的办公室。总裁看到这个主意非常欣赏，甚至感觉简直难以置信，他非常欣赏这位科学家，看到科学家布满血丝的眼睛中也流露出兴奋的光芒，他突然想到了什么，他想到科学家辛苦了这么长时间，为公司攻克了重要的技术难关，我现在该给他怎样的奖励呢？他把办公桌的大多数抽屉都翻遍了，最后，这位可爱的总裁总算是找到了一样东西，于是躬身对那位科学家说："这个给你。"他手上拿的竟是一只塑料香蕉。

但别看香蕉小，当那位经过多少个不眠之夜才得以成功的科学家拿到香蕉的时候，激动得热泪盈眶，向总裁告别后，兴奋地跑出了办公室，这位科学家感到心满意足，因为，这小小的香蕉代表的是一种荣誉，是一个人成功的标志。

这个东西看似不值钱，但却融入了一种感情，表明自己得到了上司的一种承认、一种尊敬的感情。在这种感情的投资下，下属自然肝脑涂地而在所不辞了。而总裁只是考虑到科学家的心思，注意到了科学家的情绪，便用极其微小的东西笼络住了人才的心，可谓高明。

人都是有感情的动物，每个人都有被人爱的需要，同时又都会有仁慈心、同情心，因此，通过注意细节，找到话题的突破口，运用一些让两人关系更亲密的谈话技巧，满足别人情感上的需要，便可以拉近彼此间的距离，营造融洽的沟通氛围，这样就能顺利地达到求人办事的目的。

# CHAPTER 2

## 看透看破别说破，给人面子留人情

不要忽略面子问题，因为不给面子的行为最容易引起是非。

妥善处理与小人的关系——不要依附他，也不要得罪他。

——佚名

## ◎ 给人面子，帮助他人莫张扬

曾经有一位知名企业家，在接受记者采访的时候，讲述了有关他祖父的故事，这个故事在理解人情世故的微妙方面，具有很好的启发作用。

当年，祖父很穷。在一个大雪天，他去向村里的首富借钱。恰好那天首富兴致很高，便爽快地答应借祖父两块大洋，末了还大方地说：拿去开销吧，不用还了！祖父接过钱，小心翼翼地包好，就匆匆往家里赶。首富冲他的背影又喊了一遍：不用还了！

第二天大清早，首富打开院门，发现自家院内的积雪已被人扫过，连屋瓦也扫得干干净净。他让人在村里打听后，得知这事是祖父干的。这使首富明白了：给别人一份施舍，只能将别人变成乞丐。于是他前去让祖父写了一份借契，祖父因而流出了感激的泪水。

祖父用扫雪的行动来维护自己的尊严，保全自己的面子，而首富向他讨债极大地成全了他的尊严和面子。在首富眼里，世上无乞丐；在祖父心中，自己何曾是乞丐？

在这个故事中，我们可以得到这样的启发，为人低调，个人好处不必张扬，免得让别人感觉人情债很累，让受到帮助的人感觉很不舒服，并且还以为你并非真心想帮助他，而只是为了炫耀自己而这样做的。

生活中经常有这样的人，帮了别人的忙，就觉得有恩于人，于是心怀一种优越感，高高在上，不可一世。这种态度是很危险的，常常会引发反面的后果，也就是帮了别人的忙，却没有增加自己人情账户的收入，正是因为这种骄傲的态度，把这笔账抵消了。

有位郭靖大侠，有一次，洛阳某人因与他人结怨而心烦，多次央求地方上的有名望的人士出来调停，对方就是不给面子。后来他找到郭靖门下，请他来化解这段恩怨。

郭靖接受了这个请求，亲自上门拜访委托人的对手，做了大量的说服工作，好不容易使这人同意了和解。照常理，郭靖此时不负人托，完成这一化解恩怨的任务，就可以走人了。可郭靖还有高人一招的棋，有更巧妙的处理方法。

一切讲清楚后，他对那人说："这个事，听说过去有许多当地有名望的人调解过，但因不能得到双方的共同认可而没能达成协议。这次我很幸运，你也很给我面子，让我了结了这件事。我在感谢你的同时，也为自己担心，我毕竟是外乡人，在本地人出面不能解决问题的情况下，由我这个外地人来完成和解，未免使本地那些有名望的人感到丢面子。"他进一步说："这件事这么办，请你再帮我一次，从表面上要做到让人以为我出面也解决不了问题。等我明天离开此地，本地几位绅士还会上门，你把面子给他们，算作他们完成此一美举吧，拜托了。"最后，这个人答应了郭靖，大家皆大欢喜。

郭靖就是一个懂得低调做人的人，他没有因为自己化解了别人无法化解的矛盾而沾沾自喜，而是深谋远虑，把面子给了其他人，如果事后这件事传出去，定然有很多人尊重郭靖的为人。

人们总是尽其全力来保持颜面，为了面子问题，可以做出有违常理的事。当我们在帮助他人的时候不小心伤了对方的面子，则后果肯定很悲惨。我们要避免在公众场合内使他人难堪，必须时时刻刻提醒自己不要做出任何有损他人颜面的事。只要你有心，只要你处处留意给人面子，你将会获得天大的面子。

我们给他人好处，不去张扬，给对方留面子，让对方非常感激，这就是打的人情牌，有朝一日我们求他办事，他自然会回报，即使他感到有困难，也会尽力而为的。并且我们在收获他们的物质回报的同时，还收获了他人的敬重，这份厚礼是非常珍贵的，这便是操作人情账户的全部精义所在。

为了恰当地帮助他人，我们应该注意下列事项：

（1）不要使对方觉得接受你的帮助是一种负担；

（2）要做得自然，也就是说在当时对方或许无法强烈地感受到，但是日子越久越能体会出你对他的关心，能够做到这一步是最理想的；

（3）帮他忙时要高高兴兴，不可以心不甘、情不愿的。

如果我们在帮忙的时候，觉得很勉强，意识里存在着"这是为对方而做"的观念，假如对方对我们的帮助毫无反应，一定大为生气，认为"我这样辛苦地帮你忙，你还不知感激，太不识好歹了！"如此的想法甚至态度都不要表现。

如果我们所帮助的人也是一个能为别人考虑的人，我们为他帮忙的种种好处，绝不会像打出去的子弹似的一去不回，他一定会用别的方式来回报。对于这种知恩图报的人，应该经常给他些帮助。

总之，人际往来，帮忙是互相的，千万不要像做生意一样赤裸裸地，一口一个"有事吗""你帮了我的忙，下次我一定帮你"。

忽视了感情的交流，会让人感觉索然无味，彼此的交情也维持不了多长时间。要讲究自自然然的，要真心诚意的，并给足对方面子，不要故意"打埋伏"，以免被别人认为是："和他做朋友，如果没用处，肯定会被一脚踢开！"如果这样，我们的人缘会越来越差。

## ◎ 吃亏是福，让别人多赚三分

有人认为"吃亏是福"是傻子理论。吃了亏不发怒、不伺机报复已是不错了，还要让人认定是一种福气，这听起来似乎有点说不过去了。但吃亏是福的说法确实是有道理的。

曾经有人问"小巨人"李泽楷："你父亲教了你一些怎样成功赚钱的秘诀？"李泽楷说他父亲什么也没有教，只教了他一些做人的道理。李嘉诚曾经这样跟李泽楷说，他和别人合作，假如他拿七分合理，八分也可以，那最后拿六分就可以了。

李嘉诚的意思也就是说：他让别人多赚三分。所以每个人都知道，和李嘉诚合作会占到便宜，因此更多的人愿意和他合作。你想想看，虽然他只拿了六分，但现在多了100个人，他现在多拿多少分？假如拿八分的话，100个会变成5个，结果是亏是赚可想而知。

李嘉诚这种低调的作风，却给自己赚足了高调的资本，由此我们也可以得到为人的启发：那就是做人要学会吃亏，吃亏的确也是一种福气。

西汉时期，有一年过年前，皇帝一高兴，下令赏赐给每个大臣一只羊。羊有大有小，有肥有瘦，负责分羊的人犯了难，不知怎么分才能让大家满意。正当他束手无策时，一名大臣从人群中走了出来，说："这批羊很好分。"说完，他就牵了一只瘦羊，高高兴兴地回家。众大臣见了，也都纷纷效仿，不加挑剔地牵了一只羊就走，摆在大家面前的一道难题一下子就迎刃而解了。这名大臣既得到了众大臣的尊敬，也得到了皇帝的器重。

吃亏是一种福气，有时候我们是主动迁就他人，让自己吃亏，比如像李嘉诚、那位大臣都是主动吃亏，主动争取没有人愿意做的事、报酬少的事。这样自然主动把自己的低调谦逊的品质表现了出来，对我们的人际关系会大有帮助。

作为职场新人，我们更应该去主动吃亏，可以多做事情，更快地磨炼自己的办事能力和耐力，这样一来，我们就会更快地成长和进步，形成旁人不可替代的无形资产。

"主动吃亏"通常是已经预测到只是暂时的吃亏，以后可以收益更多。但是，我们在生活中，也常常会遇到一些"被动吃亏"的情况。比如，事先没有接到通知，突然被分派去干一个我们并不十分愿意干的工作，或是工作量突然增加。这些突然发生的事情，可能会打乱我们的计划，这样的亏该不该吃呢？

除非这个任务会给我们自身的健康或者生活造成极大的影响，否则，就应该接下来。尤其当你发现没有回旋余地的时候，更应该"愉快"地接下来。在这种情况下，也只好用"吃亏就是占便宜"的想法来自我宽慰，要不然怎么办呢？至于有没有"便宜"可占，那是很难说的，因为那些眼前之"亏"也许是对你的一种考验，考验你的心志和能力，是为了重用你啊！姑且不论是否"重用"你，你虽然吃了点小亏，但磨炼出了自己的耐性，这对你以后做事绝对大有帮助。此外，你这种"吃亏"也会让人对你无话可说，不得不尊重你。

在日常人际交往中，我们要学会吃亏，不论是主动吃亏还是被动吃亏，一个人能够抱着一种"吃亏就是占便宜"的心态，那么，在社会中和人打起交道来就很容易了，因为人都喜欢占便宜，你吃一点亏，让他人占一点便宜，那么你就不会得罪人，人人当你是好朋友！何况拿人手短，吃人嘴软，今天占你一点便宜，心里多少也会过意不去，只好在恰当的时候回报你，这就是你"吃亏"之后所占到的"便宜"！与人相处中，如果从来不吃亏，只知道占便宜，到最后，他很可能成为孤家寡人。

比如在生活中，有些人处处抢先占小便宜，这样的人不会给他人留下好印象，这样，他从做人上来说就吃了大亏。因为你已经处处抢先了，你从来不等别人想到你而总是主动跳出来为自己谋每一点你看在眼里的利益，那么你周围的人就再也不会主动为你着想了，反而要处处对你设防，那么，你岂不是吃了大亏？

而且，爱占小便宜的人，心情经常会处于比较恶劣的状态，因为你很爱占小便宜，日久天长，便宜不会总让你占尽，你就会觉得自己总在吃亏，心中就会积存不满和愤怒，这对自己也会是很大的伤害。再有，太计较小利的人绝不会有什么出息，因为，你的眼光都集中到收集和占有眼前的每一点微小的利益上，它势必影响你向远处看向高处看，去获取大的成功和利益。

所以，很多时候，吃点小亏对你自己的利益其实不会有什么损失。人心是一杆秤，如果你能使自己做到不斤斤计较，对别人不过分苛求，待人宽厚，你周围的人就会信赖你、尊重你，你就不仅能够在事业上有所成就，而且也会为自己营造出一个宽松而和谐的生活氛围，时时能感受到开心和快乐。

能想明白吃亏就是占便宜，而且能够身体力行，是一种交际的境界。吃亏，虽然意味着舍弃与牺牲，但也不失为一种胸怀、一种品质、一种风度。不怕吃亏的人，不但不会真的吃亏，还会换来"桃李不言，下自成蹊"的结果，会生活在轻松、自在、愉快之中。只有不怕吃亏的人，才会在一种平和自由的心境中感受人生的幸福。

总之，吃亏并不是一件什么坏事，让我们在生活或者事业上多学会恰当地吃亏，让自己获得更宽阔的发展空间。

## ◎ 韬光养晦，谦虚做人得人缘

中国传统的观念认为，有一分才华做一级官。下级的才华超过了上级，尽管还没有威震其主，也足以让老板心惊胆战、有危机感了。这种震主现象为官场一大忌。虽说有些当权者也很喜爱有才之士，可是一发现其才惊人，远远超过了自己，就宁可用奴才，也不用人才了。

同样的道理，在生活中，如果你比别人富有，并且还经常炫耀自己的富有，就常常会招来别人的嫉妒，随之而来的就是他人出于嫉妒对你的诽谤、谣言等，总之，让你变得贫穷才肯罢休；在职场上，一个员工太过聪明，事事都表现得比领导强，就会让领导产生自己不如下属的想法，好像一切颠倒了过来，自己成了下属，而下属则成了领导，他的内心是可想而知的，随之而来的将是对你的刁难、责备、排挤、打压，你在公司的日子也不会好过，将很难在公司再待下去了。在中国有很多因为太显摆自己而受到伤害的事情。

三国的杨修在曹操手下为官。他曾和曹操一同骑马路过曹娥碑前，见碑上刻有八个字："黄娟、幼妇、外孙、童臼。"杨修一看就明白了，而曹操却不解其意。他让杨修不要说出答案，又走了30里后，曹操才知道是"绝妙好辞"。曹操叹道："我的智慧比杨修差了30里啊。"嘴里虽是这样说，心里毕竟不太舒服。

有一次，曹操去观看刚建造好的一座花园，在临走时，他在门上写了一个"活"字，大家都不知道这是什么意思，问杨修，杨修说："'门'内添'活'字，乃'阔'字也。丞相是嫌门太宽了。"于是监工们立刻改窄了门，果然符合曹操的心意，但是听说是杨修猜中他的心意的，他表面上赞扬，心中却很是嫉妒。

后来，有人送一盒酥给曹操，他在酥盒上写了"一盒酥"三字，放在案头。杨修看到了，取出盒中酥便吃，曹操问其故，杨修说："盒上明明写着'一人一口酥'，岂敢违丞相之命乎？"曹操脸上虽嬉笑，但已经起了忌恨之心。

还有一件事，平日曹操担心被人暗害，便对左右的人说："吾梦中好杀人，凡吾睡着汝等切勿靠近。"一日，曹操午睡时突然起来拔剑杀了给他盖被子的近侍，然后又倒头入睡。起床后，发现自己在梦中杀人，便假意痛哭，厚葬了侍卫，临葬时，杨修指着死者说："丞相非在梦中，君乃在梦中耳。"曹操听后，愈加忌恨了。

后来曹操的军队与刘备在汉水作战，两军对峙，久战不胜，曹操进退两难，吃饭的时候看到碗中有鸡肋，便有感而发，沉吟了"鸡肋"两字，行军主簿杨修得知后，便立即让士兵收拾行装，准备归程。夏侯惇忙问其故。杨修曰："鸡肋者，食之无肉，弃之可惜。丞相今进不能胜，退恐人笑，在此无益，不如早归。来日魏王必班师矣。"

虽然曹操的确有这个意思，但被杨修点破，非常气恼，便大声呵斥道："汝怎敢造言，乱我军心？"于是便命令刀斧手斩杀了杨修。

不论什么时期的人都有嫉妒心，都有心胸狭窄、嫉妒有才华的人，在现代职场中，人们也都忌讳太能表现自己的人。

郑东在刚进入这家大公司之前，只在一个小公司打工，资历浅薄，经验也不足。他带着诚惶诚恐的心情来这里上班，带他的领导是一个看起来很爽朗的女人。第一天，领导让他看了一上午文件，然后问他有什么问题没有，他如实道"没有"。快下班的时候，领导布置他发几份邮件，向几家国外公司询价，再给几家国内公司报价。这些工作同他以前岗位的工作内容差不多，为了表示自己有能力，郑东迅速地做完了领导交代的工作。领导仔仔细细地审核了他的工作，觉得没有什么问题，但领导既没有赞许也没有批评。郑东自己感觉表现还可以，心里很平静。

后来，领导派郑东传送一份材料，还要付钱。郑东一心希望在新公司留个好印象，于是他准备了充分的材料，一路走一路设想了所有意外的情况。到了那里，人不在，付的钱没有带够。幸好，他找到了老同学，还垫了自己的钱进去。当领导坐在那里等他来诉苦、求教的时候，他又通过自己的努力圆满地完成了任务。郑东想，开头不错，领导应该对我的印象还不错吧。但让郑东感到意外的是，他在公司并没有获得好的待遇。他在公司总是做些端茶倒水，跑腿打杂的事情，而平日里办事拖拖拉拉又容易出错的小路却总是得到领导的格外垂青，好差事都派给了他。

每当郑东向领导汇报工作成果的时候，领导总是表情淡淡的，没有赞许和欣赏。而对于小路，领导却格外地宽容，他做错了事情领导会耐心地跟他讲。到了年终考评的时候，没有出过错的郑东和明显不及他的小路分数相同。疑惑的郑东不知道自己错在了哪里，心里充满委屈。之后的某天，他突然想明白了原因。

那天，他陪一位做室内装潢的朋友去现场，看到朋友审视那套无可挑剔的房子时苦恼遗憾的表情，郑东感觉很奇怪。一问，才知道朋友发现这个房子没有需要设法改良的空间，没有需要刻意掩藏的缺陷，他颇有点"英雄无用武之地"的感觉。这时，郑东突然顿悟了：在职场上也是这个道理，你初来乍到，什么都会，样样精通，我这个做领导的还往哪放？我还指导谁？还怎么向办公室里的其他同仁显示自己的能力？你比领导强，当然就是让领导没有"市场"了。

后来他在公司里学乖了，每次在领导面前都以低10分的才智来应对，总是向领导请教各种问题，果然屡试不爽，步步高升。

通过以上例子，我们可以深刻地认识到，水满则溢，一个人为人处世要懂得低调，这样才会讨人喜欢，才会得到他人的好感，处处表现得很优秀，反倒招人忌恨，不利于自己的发展，还不如适当地把自己放低一点儿，这样就等于把别人抬高了许多。当被人抬举的时候，谁还有放置不下的敌意呢？

## ◎ 为人低调，宽厚和善受人敬

低调做人才能保持一颗平常的心，才不至于被外界左右，才能够冷静，才能够务实，这是一个人成就大事最起码的前提。商界巨人李嘉诚，在他的儿子李泽楷进入商界时曾有过这样一句训话："树大招风，低调做人。"可见，成功人士更懂得"风头不可出尽，便宜不可占尽"的道理。所以，他们用低调来保持自己的成功，这可谓是一种聪明的做人哲学。

美国开国元勋之一的富兰克林年轻时，去一位老前辈的家中做客，昂首挺胸走进一座低矮的小茅屋，一进门，"嘭"的一声，他的额头撞在门框上，青肿了一大块。老前辈笑着出来迎接说："很痛吧？你知道吗？这是你今天来拜访我最大的收获。一个人要想洞明世事，体察人情，就必须时刻记住低头。"富兰克林记住了，也就成功了。

做人低调是一种智慧，当今社会，与人相处，只要稍有点处理不当，就会招惹不少麻烦。轻则，工作不愉快；重则，影响职业生涯。因此，与人相处，最关键是要学会低调！

在一位知名企业家的办公室墙上，写着他自撰自书的条幅，上写：竖起桅杆做事，砍断桅杆做人。他人询问时，这位企业家讲述了他的一次惊心动魄的经历。

他家世世代代以出海打鱼为生，或许是受到家庭的熏染，或许是因为男孩的天性，他从小就喜欢海，整天在海边玩耍，看到爷爷出海，他也想去，但爷爷总是拒绝。直到他长大参加工作了，并且要远离家乡了，爷爷这才决定带他出一次海，一来了却他一直以来的心愿，二来让他去大海深处见识见识大海的博大，开阔开阔他的心胸，或许对他的人生会有益处。

他很兴奋，跟着爷爷跑前跑后，做好所有准备工作之后，在一个风和日丽的日子扬帆出海了。

来到大海深处，爷爷教他怎样使舵，怎样下网，怎样根据海水颜色的变化辨识鱼群。爷爷说："大海是富有的宝库，不但有取之不尽的鱼虾，更有宽阔的胸怀，做人就应该像大海一样无私、坦荡。"他默默地咀嚼着爷爷的话。

天有不测风云，刚刚还晴空万里，风平浪静，突然之间，狂风大作，巨浪滔天，几乎要把船掀翻。爷爷这个老水手都措手不及，但他丝毫不慌，吃力地掌着舵，以命令的口气大喊："快拿斧头把桅杆砍断，快！"他不敢怠慢，用尽力气砍断了桅杆。

没有桅杆的小船在海上漂着，直漂到大海重新恢复平静，祖孙俩才用手摇着橹返航。途中，因为没有桅杆，无法升帆，船前进缓慢。他问爷爷："为什么要砍断桅杆？"爷爷说："帆船前进靠帆，升帆靠桅杆，桅杆是帆船前进动力的支柱。但是，由于高高竖立的桅杆使船的重心上移，削弱了船的稳定性，一旦遭遇风暴，就有倾覆的危险，桅杆又成了灾难的祸端。所以，砍断桅杆是为了降低重心，保持稳定，保住人的生命，人是最重要的。"

那次惊险的经历也在他的心里扎下了根，他说："做事就像扬帆出海，必须高起点，高标准，高效率，就像高高的桅杆上鼓满风帆一样；做人则要脚踏实地，无论取得多大成绩，尾巴也不能翘到天上，无论地位多么显赫，也不能凌驾于他人之上，否则就会失去民心，失去做人的本分，终将倾覆于人民群众的汪洋大海之中。"

这位企业家正是本着低调做人的态度，才保证了企业顺利平稳地向前发展。

当然在低调的前提下，能够心怀仁爱之心，待人和善，那么，就会获得员工们的好评，得到了更多同道人的支持，能够取得更大的成就。

世界首富比尔·盖茨的妻子梅琳达刚刚看到了一篇关于造成数百万儿童死亡的疾病的报道。她很震撼，梅琳达看着身旁的比尔·盖茨，问他："咱们能做点儿什么？"后来，他们一同访问刚果（金）期间，她了解到了那里的人们的生活状况，心中的忧虑感始终挥之不去。她知道她应该为他们做些什么。

回来之后她说的第一句话是："非洲永远改变了我。"2000年1月，盖茨夫妇成立了比尔和梅琳达·盖茨基金会，这个基金会的成立让梅琳达·盖茨实现了救助他人的愿望，从那时起，她就成了最大的社会慈善家。

她把自己大部分精力用于做慈善事业，在他们的努力下，非洲一些国家的儿童疫苗接种率大幅度提高，每个儿童的平均接种费用从不足1美元增加到10美元，成功地挽救了100多万人的生命。2007年，比尔和梅琳达·盖茨基金会正式宣布，5年内捐资5 000万美元，帮助中国预防和控制艾滋病的传播。

就是这样一位富豪的妻子，不仅富有爱心，还是一位非常低调的人，大多数时候，梅琳达都在"后台"默默地工作，包括照顾孩子。

低调是一种优雅的人生态度。它代表着豁达，代表着成熟和理性，它是和含蓄联系在一起的，它是一种博大的胸怀、超然洒脱的态度，也是人类个性最高的境界之一，低调的人更易被人接受。宽厚待人是一种仁爱，因为有爱心，更容易被他人喜欢。

总之，无论做什么事情，我们都应该本着低调做人，宽厚和善的态度，只有这样才会取得不错的成就。

## ◎　会说软话，让对方心悦诚服

有时，人难免因一时糊涂做一些不适当的事。遇到这种情况，就需要把握指责别人的分寸：既要指出对方的错误，又要保留对方的面子。这种情况下，如果分寸把握得不当，有时会使对方很难堪，破坏了朋友交情，并带来一系列严重的后果；有时会让对方占"便宜"的愿望得逞，给自己造成不必要的损失。

某干部到广州出差，在街头小货摊上买了几件衣服，付款时发现刚刚还在身上的一百多美元不见了。货摊边只有他和姑娘两人，他明知与姑娘有关，但没有抓住把柄。当他提及此事时，姑娘翻脸说他诬陷人。

在这种情况下，这位干部没有和她来"硬"的，而是压低声音，悄悄地说："姑娘，我一下子照顾了你五六十元的生意，你怎么能这样对待我呢？你在这个热闹街道摆摊，一个月收入几百上千，我想你绝对看不上那几张美元的。再说，你们做生意的，信誉要紧啊！"他见姑娘似有所动，又恳求道："人家托我买东西，好不容易换来一百块美元，丢了我真没法交代，你就替我仔细找找吧，或许忙乱中混到衣服里去了。我知道，你们个体户还是能体谅人的。"

姑娘终于被说动了，她就坡下驴，在衣服堆里找出了美元，不好意思地交给了他。

说"软"话会让对方觉得自己是在吃糖，心里甜甜的。在上述案例中，这位干部的一番至情至理的说辞，不但使钱失而复得，而且还可能挽救了一个几乎沦为小偷的女青年。

现实生活中，人们普遍存在着吃软不吃硬的心态。特别是性格刚烈、很有主见的人，你如果说"硬"话，比如以命令的口吻，对方不但会不理睬，说不定比你还硬；如果你来"软"的，对方反倒产生同情心，纵使自己为难，也会顺应你的要求。

恳求就属于"软"话的一种。有很多时候，你要想说服人，说软话要比说硬话效果好得多。然而恳求并不是低三下四地哀求，而是一种"智斗"，是一种心理交锋。通过恳求的语言启发、开导、暗示对方并使对方按你的意思行事。

## ◎ 陈述利害，一句话打动对方

人们最关心的往往是与自己有关的一些利益，因为人们毕竟生活在一个很现实的社会里，虽不能说"人为财死，鸟为食亡"，但人要生存，就离不开各种与自己有关的利益。所以，当你想要劝说某人时，应当告诉他这样做对他有什么好处，不这样做则会带来什么样的不利后果，相信他不会不为所动。

球王贝利，人称"黑珍珠"，是人类足球史上享有盛誉的天才。在很小的时候，他就显示出了足球的天赋，并且取得了不俗的成绩。

有一次，小贝利参加了一场激烈的足球比赛。赛后，伙伴们都精疲力竭，有几位小球员点上了香烟，说是能解除疲劳。小贝利见状，也要了一支。他得意地抽着烟，看着淡淡的烟雾从嘴里喷出来，觉得自己很潇洒、很前卫。不巧的是，这一幕被前来看望他的父亲撞见。

晚上，贝利的父亲坐在椅子上问他："你今天抽烟了？"

"抽了。"小贝利红着脸，低下了头，准备接受父亲的训斥。

但是，父亲并没有那样做。他从椅子上站起来，在屋子里来回地走了好半天，这才开口说话："孩子，你踢球有几分天赋，如果你勤学苦练，将来或许会有点儿出息。但是，你应该明白足球运动的前提是你具有良好的身体素质。可今天你抽烟了。也许你会说，我只是第一次，我只抽了一根，以后不会再抽了。但你应该明白，有了第一次便会有第二次、第三次……每次你都会想：仅仅一根，不会有什么关系的。但天长日久，你会渐渐上瘾，你的身体就会不如从前，而你最喜欢的足球可能因此渐渐地离你远去。"

父亲顿了顿，接着说："作为父亲，我有责任教育你向好的方向努力，也有责任制止你的不良行为。但是，是向好的方向努力，还是向坏的方向滑去，主要还是取决于你自己。"

说到这里，父亲问贝利："你是愿意在烟雾中损坏身体，还是愿意做个有出息的足球运动员呢？你已经懂事了，自己做出选择吧！"

说着，父亲从口袋里掏出一沓钞票，递给贝利，并说道："如果不愿做个有出息的运动员，执意要抽烟的话，这些钱就作为你抽烟的费用吧！"说完，父亲走了出去。小贝利望着父亲远去的背影，仔细回味着父亲那深沉而又恳切的话语，不由地掩面而泣，过了一会，他止住了哭，拿起钞票，来到父亲的面前。

"爸爸，我再也不抽烟了，我一定要做个有出息的运动员！"

从此，贝利训练更加刻苦。后来他终于成为一代球王。他的成功跟父亲的一番教导是分不开的。至今，贝利仍旧不抽烟。

那些善于操纵说服技巧的人不是与对方不停地周旋，而是抓住关键，一语中的。这一点如果发挥得淋漓尽致，是可以成大事的。请再看一例：

有一次，汉初名相萧何请求汉高祖刘邦，将上林苑中的大片空地让给老百姓耕种。上林苑是一处皇帝游玩打猎的园林。刘邦一听萧丞相居然要缩减自己的园林，不禁勃然大怒，认为萧何一定是接受了老百姓的大量钱财，为他们说话办事的。于是萧何被捕入狱，同时被审查治罪。

当时的法官廷尉为讨好皇上，只要皇上认定某人有罪，廷尉不惜用大刑使犯人服罪。就在这紧要关头，旁边一位姓王的侍卫上前劝告刘邦说："陛下是否还记得当年与项羽抗争以及后来铲除叛军的时候吗？那几年，皇上在外亲自带兵讨伐，只有丞相一个人驻守关中，关中的百姓非常拥戴丞相。假如丞相稍有利己之心，那么关中之地就不是陛下的了。您认为，丞相会在一个可谋大利而不谋的情况下，去贪百姓和商人的一点小利吗？"

简简单单几句话，句句击中要害。刘邦深有感触，终于认识到自己的鲁莽，对不起丞相的一片诚心，感到非常惭愧。于是当天便下令赦免萧何。

汉代的另一位开国元勋周勃，曾经帮助汉室铲除吕后爪牙，迎立汉文帝，有定国安邦的大功。可后来当他罢相回到自己的封地后，一些素来忌恨周勃的奸伪小人便趁机向汉文帝诬告周勃图谋造反。汉文帝竟然也相信起来，急忙下令廷尉将周勃逮捕下狱，追查治罪。

按汉代当时的法律，凡是图谋造反者，不但本人要处死，而且要诛灭九族。就在周勃大祸临头的时候，薄太后出来劝文帝说："皇上，周勃谋反的最佳时机是您未即位时，那时候先皇留给你的皇帝玉玺在他手上，但是他一心忠于汉室，帮助汉室消灭了企图篡权的吕氏势力，把玉玺交给了陛下。现在罢相回到自己的小封国里居住，怎么反而在此时想起谋反呢？"

听了这话，文帝所有的疑虑都没了，并立即下令赦免了周勃。可以想象，倘若没有人在此二人大难临头的时候站出来为他们辩白，讲明事实真相，分析入情入理，他们二人能免去大难吗？这就是抓住了语言的关键，一语中的，可见语言的威力是何其大！

## ◎ 留条后路，得理还需会饶人

许多人能言善辩，时常在人群中占据上风。为了显示自己的口才有多么了得，他们更乐意说话尖酸刻薄，带有挑衅意味，似乎这样会显得伶牙俐齿、不好惹、有个性。很多善于辩论的人不懂人际关系的维护，目中无人，争强好胜，什么都想比别人高出一截。别人说一句话，他也会从中挑刺，非要让别人同意他的观点，甚至不惜辩论一番决出胜负。卡耐基对此说：你可能赢了辩论，可是你却输了人缘。任何讽刺挖苦都是带有攻击性的，即使是友善的嘲弄，有时也会让你失去友情。讽刺挖苦阻挡了正常的开放式的交流，而使交流变成了荒谬的争吵。

公共汽车上人很多，一个年轻小伙子不小心踩到了一位老大爷的脚，老大爷脾气不好，张口就来："你说你这么大一小伙子，欺负我这么大岁数的人干吗？"

小伙子本来刚开始是想说一句抱歉，可老大爷的话实在让他反感，愧疚的心理马上无影无踪，他按捺了半天说："踩了就踩了，可我什么时候欺负您了啊？"

老大爷更不高兴，说："得得得，现在的年轻人都不学好。我看你那样儿，监狱里刚放出来的吧？"

这下小伙子可火了："你这人怎么说话呢？"说完就要往前冲。车里的人左劝右劝，好不容易才让他俩消了气儿。

老大爷的说法就是典型的"得理不饶人"，本来只是小事一桩，可是为这么一点小事斤斤计较，让他自己显得很刻薄，不但形象大打折扣，还害得双方心里都不痛快，何苦呢？

一位老人去逛花鸟市场，不小心将小贩的两个花盆碰倒摔破了。老人连忙道歉，还说愿意把两盆花买下来，可是一掏口袋才发现一分钱都没带。

那个卖花的小贩就不依不饶了，喋喋不休地说两盆花值多少钱，其实最多也就20块钱。

老人说：不管多少钱我赔你就是了，但是我现在没有带钱，你可以叫人随我回家拿钱。

小贩不相信，不让他走，一个劲儿地让他再好好摸摸口袋找钱。老人把口袋翻给他看，确实是没有钱，可是小贩就是不相信，还咄咄逼人，说哪有这么大一个人出门不带钱的。

老人没办法解释，只好反复说，我不会骗你的，可是无论他怎么解释，小贩就是不相信。小贩要老人拿出身份证看，可是老人偏偏又没有带身份证，于是小贩就仍然不放他走。这时围观的人越来越多，老人没有受过这种委屈，感觉很没面子，着急上火，结果一下子心脏病突发，不治而亡。

为了20块钱的花盆，居然葬送了一个老人的生命，芝麻大小的事情却能导致极其严重的后果，即便是追悔莫及又有什么用呢？想想看，生活中为这种小事斤斤计较、得寸进尺的人还真不少。其实，很多事情根本没有必要非要分出个高下优劣，尤其当这个结果还可能挫败别人的自尊心时，那就更不要去争辩。你尊重别人，别人就会尊重你；你要存心让别人难堪，别人一定心里不服气，这也注定为你以后的人际交往埋下隐患。所以，有时候对自己的观点要有所保留，对别人的观点也要能理解和认同，这样关系才能和谐。

别人有了错，也许自己已经意识到了，对所犯的错误多少有了负罪感，如果不分场合、对象，一味地理直气壮谴责他，会让人十分难堪。得饶人处且饶人，对那些已经有了内疚之意的人应该学会同情和理解，学会宽容和礼让，学会拯救。

在一个秋天，美国加州有两个流浪的少年在林场里玩，为了搞恶作剧点燃了那片丛林。就在这次火灾中，一名年轻的消防警察不幸牺牲了。

在查明这是一起蓄意的纵火案之后，人们非常愤怒，市长表示一定要将罪犯抓捕归案，让他们接受最严厉的惩罚。但是那位牺牲的消防警察的母亲在接受记者采访时说的话却出人意料。她说："我很伤心地看到我的儿子离开我，但我现在只想对制造灾难的两个孩子说几句话：你们现在一定活得很糟糕，很可能生不如死。作为这个世界上最有资格谴责你们的我，此时只想说，请你们回家吧，家里还有等待你们的父母，只要你们这样做了，我和上帝一起宽容你们……"

在这位宽容的母亲发表电视讲话前，两个纵火的孩子因为承受不了巨大的社会压力而购买了大量的安眠药准备一起离开这个世界。但就在这时，他们从电视里听到了这位母亲的声音，顿时泪如雨下。而后，他们将安眠药丢到一边，决定向警察投案自首。

这位母亲的宽容真是让人动容。本身原谅杀死儿子的罪魁祸首已经是非常困难的事，而她居然还在担心他们活得不好，规劝他们回到家人身边。相信读者听到这样感人肺腑的语言，见识到如此高贵的一颗心，也会不禁慨叹。正是她的宽容，她的心平气和，阻止了两条鲜活年轻的生命从世界上带着悔恨而消失。

扪心自问，我们有此胸襟吗？看看这位伟大的母亲，我们有何理由对别人的错误耿耿于怀，念念不忘，用恶意和仇恨来对待那些本已十分脆弱的人呢？得理让三分是一种风度，一种理解，也是一种谦让和原谅，它会让你周围的人因此对你心怀敬意。

人与人相处，发生争吵在所难免，甚至夫妻那样的亲密关系，也不会例外。对此，一旦有了纷争，即使认为自己一方在理，也应避免过分地数落、指责。这时候，最好的方式是使用调侃、幽默的言语，浇灭对方的怒气，达到释疑解纷的效果。一位丈夫彻夜未归，次日才幽灵般地回到家中，妻子埋怨了几句，两人便你一言我一语地干起仗来。忽然，妻子说："算了，没什么了不起，男人晚上不回家都成时髦了——我唯一要提醒你的是：熟悉的地方还是有风景的！"那妻子虽然占理，却没有去"痛打落水狗"，只是调侃了几句，便使一场冲突，体面地结束了。

俗话说："饶人不是痴汉。"当双方的争论已到剑拔弩张的时候，占理得势的一方应当有"得饶人处且饶人"的风范，切忌穷追猛打，将对方逼入死胡同。那样不仅不能辩赢对方，反而会扩大矛盾冲突。当然，"饶人"也要讲究语言艺术，这就是力求在无损于双方面子和尊严的情况下达成妥协。要做到这一点，言语方式和言语内容的选择是否恰当，就显得格外重要了。方式主要有五种：利用幽默、巧搭台阶、诚恳解释、提出难题、以柔克刚。这些方式都是要与实际情况相搭配，以解决问题。

"得理不饶人"是你的权利，但不妨"得理且饶人"，这样也给自己留条退路。人海茫茫，但却常"后会有期"，你今天得理不饶人，焉知他日二人不狭路相逢？若那时他有理你无理，吃亏的可就只有你了。所以说，得饶人处且饶人，这正是为自己留了后路。

## ◎ 勿揭人短，保护他人自尊心

《韩非子·说难》篇中曾对龙做了如下描述：龙的性情非常柔顺，人们可以和它亲近，甚至可以把它作为自己的坐骑。然而，它的喉下有一块长约尺许的逆鳞，如果有人触摸了它，那么它必然会发怒，以致伤人致死。

其实，岂止龙有自己的忌讳之点，世界上每一个人都有自己的忌讳，也就是常说的"短处"。鲁迅笔下所描绘的阿Q、孔乙己、祥林嫂都是我们大家所熟悉的人物，他们虽然性格各异，但在他们身上却有一个共同的特点，那就是都有一处最怕人触动的"短处"。阿Q最怕的就是有人说他头上的疤，谁要是犯了这个忌讳，他准会去找人家拼命，小D就曾为此领教过他的拳脚。孔乙己最怕人揭他的短，揭了他的短，他便涨红了脸，强词夺理、竭力争辩。祥林嫂的忌讳是她曾嫁过两个男人，这是她精神上最大的负担和面子上最大的耻辱，她捐过了门槛后，本以为自己变成了干净的女人，动手去拿供品，但四婶大喊一声，使她旧病复发，精神崩溃了。

人们之所以有忌讳，怕别人揭自己的短处，说到底是自尊心作祟，怕脸面上过不去。所以，你若想获得朋友，就一定不要触动他们的短处。

古代有一则故事，说的是有一个叫鱼子的人，生性古怪，对人尖酸刻薄，总好揭人短处并以此为乐事。有一天，朋友们坐在一起喝酒，其中一个叫吴丑的因老婆管得太严厉而不敢多喝。鱼子便吵吵嚷嚷地说："你们知道吴丑为什么不敢喝酒吗？是他的老婆管教得太严了。有一次，吴丑喝醉了酒，还被老婆打了几个耳光呢！"吴丑被鱼子当众揭了短处，恼羞成怒，拂袖而去，大家不欢而散。

生活中不乏像鱼子这样的人，他们似乎认为，只有揭了别人的"短"，才足以证明自己的"长"，以此来获得心理上的满足。孰知这样只能使人们对他们避而远之。

大凡具有一定修养、品德高尚的人是从不揭人之短的，这样的例子在历史上比比皆是。据唐朝封演的《封氏闻见记》载：曾做过唐朝检校刑部郎中的程皓，从不谈论别人的短处。每逢朋友中间有人说他人的坏话时，他从不跟着掺和，而且还说："这都是大家乱说的，其实不是这样。"然后再说一番他人的好处。像程皓这样的人能不赢得他人的好感吗？人们肯定会愿意与这样的人交朋友。

人们对于自己的忌讳，通常极为敏感。由于心理作怪，往往把别人的无意当成有意，把无关的事主动同自己相关联。有时，你随口谈一点什么事，也很可能被视为对他的挖苦和讽刺，正所谓"说者无意，听者有心"。因此，我们不仅应避免谈论别人的忌讳之处，同时也应注意不要提及与其忌讳之处相关联的事物，以免造成对方的误会，以至使他的自尊心受到无谓的伤害。

史书记载：明太祖朱元璋曾当过红巾军，被官家称作"红巾贼"。所以，朱元璋对"贼"字和与"贼"同音的"则"字最敏感，也最忌讳。一次，浙江府学教授林元亮作了《谢增俸表》，呈送朱元璋，上有"上则垂宪"一句话；还有位北平府学训导赵伯宁写了《贺万寿表》，上面有"垂子孙而作则"一句话。这些本来都是吹捧朱元璋的谀词，无非说他可做后世的楷模。不料朱元璋乃对"则"字过敏，见到"则"字，便以为别人在骂他为"贼"，于是竟把这两位都杀掉了。自然，朱元璋的所作所为有些过于敏感，但是所留下的教训却是深远的。

俗话说："当着矮子不说短话。"对于个头低矮的人，最好是不要提及"短""小"以及"木墩""武大郎"等与矮小相联系的话语，免得他多心。

对于犯过罪、判过刑的人，最好不要提及"监狱""罪犯"等与他的忌讳相关联之事。否则，他会认为你在指桑骂槐。

孟子说："恭者不侮人，俭者不夺人。"荀子说："与人善言，暖于布帛；伤人以言，深于矛戟。"古人的话语非常值得记取。

人生在世，各有所长，各有所短。若以我之长，较人之短，则会目中无人；若以我之短，较人之长，则会失去自信。这是人际交往中尤要注意的一点。

CHAPTER 3

**两只耳朵一张嘴，学会倾听不吃亏**

自己开小车，不要特地停下来和一个骑自行车的同事打招呼。人家会以为你在炫耀。

——佚名

## ◎ 成败是说出来的，机遇是听出来的

从小到大，我们受到的教育中，关于"说话"的部分并不算少，比如作文，比如演讲，都是在教你如何表达自己的思想。然而，大家似乎都忽略了另一个重要内容：听。

古希腊有一句谚语说："聪明的人，借助经验说话；而更聪明的人，根据经验不说话。"每个人都希望获得别人的尊重，受到别人的重视。当我们专心致志地听对方讲，努力地听，甚至是全神贯注地听时，对方一定会有一种被尊重和被重视的感觉，双方之间的距离必然会拉近。

一名推销员从内地刚来到深圳时去拜访一个保险客户。那个客户不会说普通话，只会说上海话。推销员听了半天也不太明白对方在说什么，唯一听明白的是：好像他的子女对他不太好。

对方从表情上也看得出推销员听不懂他的方言，但仍然自顾自地说个不停。他只是想满足自己倾诉的欲望。这位推销员刚入行做保险，什么都不会，面对这个客户，他唯一能做的就是倾听。没想到，谈话结束的时候，他签到了他的第一份保单。

这就是倾听的作用。倾听是一种能力，也是沟通与交流的基础。

一个人要和别人交谈，不仅自己要懂得如何去说，更要懂得如何去倾听。缺乏倾听的技巧，往往会导致轻率的批评。一个人会

随意地做出批评或发出不理智的言论往往是因为他不管别人要说什么，只想主控整个交谈的场面。如果你仔细倾听别人对你意见的回馈或反应，就能确定对方有没有在听你说话，得知对方是否已了解你的观点或感受。而你也可以看出对方所关心、愿意讨论的重点在哪里。

成败是说出来的，机遇是听出来的。只有插上"听""说"这两只翅膀，我们才能高高地飞翔。

让我们看世界上最伟大的推销员乔·吉拉德的故事，或许我们可以从中得到一些启示。

几年前，乔从一个到他的车行来买车的人那儿学到人际交往中极为重要的一招。

当时那位顾客花了近半个小时才下定决心买车。乔所做的一切只不过是为了让他走进自己的办公室，签下一纸合约。

当他们向乔的办公室走去时，那人开始向乔提起他的儿子，说他儿子就要考进一所有名的大学。他十分自豪地说："乔，我儿子要当医生。"

"那太棒了！"乔说。当他们继续往前走时，乔向其他推销员们看了一眼。乔把门打开，一边看那些正在看着乔"演戏"的推销员们，一边听顾客说话。

"乔，我的孩子很聪明吧？"他继续说，"在他还是婴儿时我就发现他相当聪明。"

"成绩非常不错吧？"乔说，仍然望着门外的人。

"在他们班最棒。"那人又说。

"那他高中毕业后打算做什么？"乔问道。

"我告诉过你的，乔，他在最好的大学学医。"

"那太好了。"乔说。

突然，那人看着他，意识到乔完全忽视了他所讲的话。

"嗯，乔"，他蓦地说了一句"我该走了。"就这样他转身走了。

下班后，乔回到家回想起今天一整天的工作，分析他所做成的和失去的交易，又开始重新考虑白天见到的那位顾客。

第二天上午，乔给那人的办公室打电话说："我是乔·吉拉德，我希望您能来一趟，我想我有一辆好车可以卖给您。"

"哦，世界上最伟大的推销员先生"，他说，"我想让你知道的是我已经从别人那儿买了车。"

"是吗？"乔说。

"是的，我从那个欣赏我、赞美我的人那里买的。当我提起我为我的儿子吉米感到骄傲时，他是那么认真地倾听。"

随后他沉默了一会儿，又说："乔，你并没有听我说话，对你来说我儿子吉米成不成为医生并不重要。好，现在让我告诉你，你这个笨蛋，当别人跟你讲他的喜恶时，你得听着，而且必须全神贯注地听。"顿时，乔明白了他当时所做的事情，意识到自己犯了个多么大的错误。

从那以后，每个进入店内的顾客，乔都要问问他们是做什么的，家里人怎么样，等等。然后乔再认真地倾听他们讲的每一句话。大家都喜欢这样，因为那会给他们带去一种被重视的感觉，而且让他们感觉到你是十分关心他们的。

我们应该懂得耐心地倾听有时比说话还重要。在交谈中做一个耐心的倾听者，以下五个原则必须注意：

### 1. 对讲话的人表示称赞

这样做能营造良好的交往气氛。对方听到你的称赞越多，他就越能充分而准确地表达自己的思想。相反，如果你在听话中流露出半点消极态度，就会引起他的戒备，对你产生不信任感。

### 2. 全身心地投入倾听

你可以这样做：面向说话者，同他保持目光的亲密接触，同时配合一定的姿势和手势。无论你是坐着还是站着，都要与对方保持适当的距离。我们共同的感受是，大家都愿意与认真倾听、反应灵活的人交往，而不愿意与推一下转一下的"石磨"打交道。

### 3. 以相应的行动回应对方的问题

对方和你交谈的目的，是想得到某种信息，或者想让你做某件事情，或者想灌输给你某种观点，等等。这时，你采取适当的行动就是给对方最好的回答。

### 4. 向对方提出问题

作为一个倾听者，不管在什么情况下，如果在倾听过程中，你不明白对方说出的话是什么意思，你就应该及时用适当的方法使他知道这一点。比如，你可以向他提出问题，或者积极地表达出你听到了什么，以便让对方纠正你听错之处。如果你什么都不说，谁又能知道你是否听懂了？

### 5. 要观察对方的表情

交谈大多时候是通过非语言方式进行的，那么，就要求你不仅听对方的语言，而且要注意对方的表情，比如看对方如何同你保持目光接触，说话的语气及音调、语速等，同时还要注意对方站着或坐着时同你的距离，从中发现对方的言外之意。

## ◎ 用心才能听得到，积极才能增好感

在不同的时间与情况下人类常以不同的方式去听一切声音。有

些场合，我们听得很专心，有些场合，我们却心不在焉。例如，有些人在公司能够很专心地听上司或老板讲话，但回到家里，却对家人的话充耳不闻。

### 1. 有效倾听

有效倾听的缺乏往往导致错失良机，产生误解、冲突和拙劣的决策，或者因问题没有及时发现而导致危机。有效倾听的技能可以通过学习而获得提升，认识自己的倾听行为将有助于你成为一名高效率的倾听者。按照影响倾听效率的行为特征，倾听可以分为三个层次，一个人从第一层次到第三层次的过程，就是其沟通能力、交流效率不断提高的过程。

第一层次：在这个层次上，听者完全没有注意说话人所说的话，假装在听其实却在考虑其他毫无关联的事情，或内心想着辩驳，他更感兴趣的不是听，而是说。这一层次包括三种方式：第一种是表面在听，知道眼前有人在说话，但却只是关心自己心里正在想的事情；第二种是半听半不听，为了要找寻自己发言的机会，所以不得不偶尔听一下人家在讲什么；最后一种是安静而消极地听，听是听了，但没有反应，没有几句真的被听进去。这一层次的倾听者可能眼睛瞪着说话的人，但他更在乎的是自己的心情而对别人的话并不在意。这种层次上的倾听，导致的是关系的破裂、冲突的出现和拙劣决策的制订。

第二层次：在这一层次下，人们只能进行肤浅的沟通，听到讲话者的声音也听到他的话了，但听得还不够深刻，没有理解其真正的含义。听者主要倾听所说的字词和内容，但很多时候还是错过了讲话者通过语调、身体姿势、手势、脸部表情和眼神等所表达的意思。这将导致误解、错误的举动、时间的浪费和对消极情感的忽略。这一层次的人表面上看起来是在听，有时也会通过点头同意来表示正在倾听，好像是理解了，而实际上并非如此。于是，彼此之间的误会很容易在不知不觉中发生。

第三层次：这一层次的人专心而有效地倾听，表现出一个优秀倾听者的特征。这种人带着理解和尊重倾听，把自己放在讲话者的立场，试图以讲话者的观点去看待事情。这种倾听者清楚自己个人的喜好，避免对说话者做出武断的评价；对于激烈的言语，能掌控自我情绪，不受负面的影响；不急于做出判断，而是对对方的情感感同身受；询问而不辩解，设身处地地看待人和事物。

在说话者的信息中寻找感兴趣的部分，他们认为这是获取新的有用信息的契机。高效率的倾听者清楚自己的个人喜好和态度，能够更好地避免对说话者做出武断的评价或是使其受到过激言语的影响。不让自己分心，不断章取义，不忽视言辞以外的信息（如讲话者的身体动作等），好的倾听者能够设身处地地看待事物，通过询问而不是辩解的方式与对方交流。

### 2. 做一名好听众

倾听不但可使你获取正确的信息，还有助于你的感情"存款"不断增加。因为，由衷地倾听，可提供"心理空气"，使对方的精神得到满足。这时，才更有利于你集中精力解决问题，或是充分发挥你的影响力。具体来说，积极的倾听，把倾听作为一种技巧，需要掌握如下要领：

（1）保持高度兴趣。如果你没有时间，或别的原因不想倾听某人谈话，最好客气地提出来："对不起，我很想听你说，但我今天还有两件事必须完成。"如果你一边听，一边翻书或做别的、想别的，你的举动逃脱不了说话人的眼睛，说话人会对你的粗心产生很大的不满。我们倾听他人谈话应该是真心真意的，并集中注意力。

（2）要有耐心。鼓励对方把话说完，直到听懂全部意思。遇到你不能接受的观点，甚至有伤你的某些感情的话，你也得耐心听完。你不一定要同意对方的观点，但可表示理解。一定要想办法让说话人把话说完，否则你无法达到倾听的目的。

（3）避免不良习惯。随便插话打岔、改变说话人的思路和话题，任意评论和表态，把话题拉到自己的事情上来，或一心二用做其他事等，这些都是常见的不良习惯，妨碍倾听。

（4）进行积极反馈。倾听时，脸向着说话者，眼睛看着说话人，以简单的语言或手势、点头微笑之类进行适时的鼓励，表示你的理解或共鸣。让说话人知道，你在认真地听，并且听懂了。如果某个意思没听懂，你可以要求说话人重复一遍，或解释一下。这样说话人能顺利地把话说下去。

倾听不仅是一种交往态度，也是一种需要训练的技艺。许多接受过心理咨询的人都会体验到，一个好的心理医生就是一个最好的"听众"。他们总是积极关注着你的发言，并且从不将自己的观念强加到你的头上。他们积极地诱导你、鼓励你说出心中的苦闷、迷茫。他们为你的悲伤而悲伤，为你的快乐而快乐。你必然在与他们短暂的交往中，对他们产生好感。


◎ **倾听也讲求顺序，信息要加以选择**

虽然我们在任何场合、听任何人讲话时都不应该走神，但因为我们不可能做到随时随地全神贯注地倾听，那么，我们就有必要对倾听的时机进行选择，对一些重要的场合需要予以特别的注意。

我们可以根据自己的工作性质和部门列出判断重要性场合的标准，以下这四种情况是比较常见的需要引起特别注意的场合：

### 1. 初次见面

与新的客户或供应商，甚至与你本企业里其他部门的人初次见面都是确立力量均衡的关键时刻，所以你必须予以注意。

### 2. 谈判

任何进行谈判的场合都要认真听别人的观点，因为你需要不断衡量谈判双方力量的转化。

### 3. 发布消息

发布的消息很可能与你有关，需要你对正说着的内容全部了解，这样你才能向同事或下属进行传达。

### 4. 面对上司

在老板讲话时注意听，这是一个人尽皆知的道理。

为了更好地达到效果，一个好的办法是在日记本上标出必须特别注意的重要谈话的日期，然后预测谈话可能有什么结果。想一想为什么要有这次谈话。

一名打字员在打印一篇关于宇宙的论文后，他通常不会记住论文的内容，因为这对他没有用处。尽管他在打印时接触了这些信息，但可能在短时间记忆中贮存1～30秒的时间，然后就给全部删除了。

在倾听时，我们需要剔除无关的信息，而努力把注意力集中在重要的或有趣的内容上。当我们与朋友交谈时，或许只需要使用短期记忆，然而当我们在听课时，就需要把所听的内容记住，并能在几天或几周后的考试中运用。

通常，我们选择去倾听是因为：该信息重要；我们有兴趣；我们感觉想听一下；我们过去听过这类信息；我们喜欢或尊敬说话的人。但更重要的一点是，我们不能漏过重要的信息，这就需要对信息的重要性进行判断。事实上，并非说话人所说的每件事都重要。

另一种方法可以帮助我们进行选择性倾听，即对观点进行质疑和提问。说话人从哪里得到的信息？它的来源可靠吗？在说服的情景中，说服者有时会忽略掉那些不支持自己观点的理由，如果你有与演讲者所说的内容相反的信息，记下来，以便可以在以后提问。

在对观点提出质疑时，我们可以对内容进行挑剔，但不能挑剔人。质疑是深刻理解内容的一种方式，它可以在自己头脑中进行，也可以在倾听后直接向说话者表达。

还有一点需要注意的是，即使在我们选择去倾听的时候，生气、困惑、悲伤或敌意都可以充作"情感耳塞"。我们倾向于倾听所期望或想听到的内容，而不是重要的内容。以下的例子可以说明这个问题：

刘悦在去吃午饭的路上，经理王日新告诉她在桌面上放了一份报告，并希望对方能在他吃完午饭回来前复印20份。刘悦去了复印室，但她很不开心，因为有朋友在等她。

但是刘悦在倾听时忽视了一个重要的细节，那就是经理是在吃完午饭后才要报告，而经理吃午饭的时间要比她晚一小时。如果当时她仔细听了，那么她完全可以在吃完午饭后再去复印，她有足够的时间这样做。

要使倾听有效，我们就应该在决定了什么是重要的、什么是不重要的以后，尽可能地记住说话人的信息。

## ◎ 言外之意要听懂，性格差异要辨明

在倾听中，正确地理解对方谈话的意图与言外之意是非常重要的一件事。在人际沟通中，有很多现象是隐藏的，比如对方讲话含蓄，不直接告诉你，而是采用迂回策略，拐着弯暗示你，这时，就

需要你有较强的洞察能力和理解能力。

说话交流有一种情况非常令人尴尬，那就是说者有心，听者却无意。任你费尽心机，磨破口舌，对方总是不明白你真正的意思，结果是听的着急，说的更着急，极度尴尬。当然了，我们这里所说的"意"，指的是"言外之意"。

毫无疑问，我们是需要"言外之意"的。毕竟在很多时候，我们说话不能太直接、太明了。比方说，批评人，你不能伤了人的自尊；给领导提建议，你不能让人觉得你比领导都能干；面对别人的提问，你有难言之隐，你不能说但也得让人有个台阶下；事情紧急，但涉及商业机密，只有你的亲信才能明白的"暗语"是最好的选择……

以下几种方法可以帮我们有效地听出别人的言外之意：

### 1. 了解意图

即听出说话者的意图、期望、愿望、设想、观点、价值观等。你并不需要同意或接受这些概念、观点或者价值观，而是要尽力去理解它。

例如，一位年轻人在非正式的场合向上司说起工作量大、任务重，平时加班也干不完。这位上司误以为部下在叫苦，于是说了一大通要吃苦耐劳，要无私奉献的客套话，还有20世纪50年代的人们如何艰苦奋斗的"故事"，结果那位部下气得七窍生烟，当场愤然离去。

其实这位部下只是顺便反映一下情况，让领导知道他工作很辛苦，希望上司能肯定和承认他在工作中的地位和作用。如果那位上司能体察其意，说些得体的安慰话，表示一下作为领导者对部下辛苦工作的关心和肯定，那位部下不但不会愤然离去，而且有可能更加卖力地工作。由此可见，了解说话者的说话意图是何等重要。

### 2. 揣摩语言

同样的话对于不同的人来说有不同的含义，要尽力揣摩这些话的隐含意义。在这个瞬息多变的世界里，同一词语在48岁的父母和16岁的儿子眼里有区别，在50岁的老师和11岁的学生眼中同样有差异。如果沟通双方没有以同一方式理解，那么同一词语会呈现出不同的含义。

有一天，一个妇女开着车到城里去，突然，有一只轮胎漏气了。她停下车来，虽然她可以自己换轮胎，可是她希望有人停下来帮助她，因为她穿得漂漂亮亮地要赶赴一场宴会。不久，一个年轻人停下车，并走过来问："车胎漏气了吗？"假如这个妇女听到的仅仅是这"语言文字"的内容，她可能会生气，说出类似下面的话："笨蛋！任何人一看都知道是车胎漏气了！"

如果她这样回答的话，势必会激怒那个想热心帮忙的年轻人，那么她也就只能自己动手换车胎了。然而，她很聪明地体会到年轻人话里的意思："我知道你有麻烦，我能帮助你吗？"于是，她得到了年轻人的帮助而避免了自己换车胎的苦恼。

如果因为某些理由我们不能体会出他人话里的意思，而仅听到表面的内容，对这个信息就容易产生误解。

### 3. 倾听非语言暗示

手势、腿部动作、声调、眼神、面部表情是一些非语言信息，它们构筑成信息传递的一个重要组成部分。你需要仔细观察、倾听和谨慎评价你面前的这种信息。用眼睛去"听"（也就是说，观察非语言信息）有时跟用耳朵听同样重要。尽管有大量阐述身体语言的书籍，但是要谨慎对待，可能有些作者已经告诉你"点头表示同意"，但并不是所有场合都是这样，你必须根据文化背景和个人风格来理解身体语言和其他非语言沟通。

要理解副语言，它包括语音、语调、停顿和沉默等。副语言揭示了说话者已说的话语和未说出的情感之间是否一致。任何一种副语言都可以加强或削弱口头信息。如果你对它们保持警觉的话，那么它们将有助于你有效地倾听。

### 4. 体味言外之意

在许多情况下，当你专注地倾听时，从说话者的话中听出他不想说出的东西则相对简单。这样将有助于继续沟通或者结束这一循环。

### 5. 有耐心地听

为了正确地倾听说话者表达的内容，你必须认识自己对所讨论的主题的倾向。你并不需要改变自己的观点，但是你要能衡量并了解别人的观点。听众经常只是听到开始几句话并马上得出同意、友好、敌对或无关紧要的结论。相反，倾听信息，评价说话者的观点，然后在做出判断之前想想是否符合事实并小心分析，不要急于得出结论或放弃自己的想法，你只需以开阔的胸怀去自由地倾听。

### 6. 选择合适的时间和地点

外在干扰的副作用很大，如果可能的话，一定要避开干扰并找到合适的时间和地点以达到有效倾听的目的。

另外，在谈话中，人们不会非常直观地说出自己、透露自己，但随着谈话的进行，谈话者会在不知不觉、有意无意当中暴露出内心的秘密。在这个过程中，注意谈论内容是什么，谈论者的神态和动作怎样。细心一点，一定会获得一些有益的东西。

如果一个人不经常谈论自己，包括曾有的经历、自我的性格、对外界一些事物的看法、态度和意见，等等，则表明这个人的性格比较内向，感情色彩不鲜明也不强烈，主观意识比较淡薄，不太爱表现和公开自己，比较保守，多少有自卑心理。另外，这种人也可能有很深的城府。

与之相反，一个人如果常常谈论自己，包括曾有的经历、自我的个性、对外界一些事物的看法、态度和意见等，一般来说，这样的人多比较外向，感情色彩鲜明而且强烈，主观意识较浓厚，爱表现和公开自己，多少有点虚荣心。

每个人都有着不同的气质，其性情也不一样，表现在言谈中也就差异很大，可以说，一个人的说话方式往往隐藏着他的习性。下面就是其中最为典型的九种类型：

### 1. 夸夸其谈之人

这种人侃侃而谈，却又粗枝大叶，不大理会细节问题，琐碎小事从不挂在心上。优点是考虑问题宏观，善于从整体上把握事物，大局观良好。这种人往往在侃侃而谈中产生奇思妙想，发现前人之所未发现的，富有创造性和启迪性。

缺点是理论缺乏系统性和条理性，论述问题不能细致深入，由于不拘小节还可能会错过重要的细节。

另外，这种人也不太谦虚，虽然知识、阅历、经验都广博，但都不深厚，属于博而不精的一类人。

### 2. 似乎什么都懂的人

这种人知识面宽，随意漫谈，经常也能旁征博引，各门各类都可指点一二，显得知识渊博，学问高深。

缺点是脑子里装的东西太多，系统性差，思想性不够，一旦面对问题，就可能抓不住要领。这种人做事，往往能生出几十条主意，但都打不到点子上。如果能增强分析问题的深刻性，做到博杂而精深，直接把握实质，会成为优秀的、博而且精的全才。

### 3. 说话温柔的人

这种人脾气温润，性格柔弱，不争强好胜，权力欲望平淡，与世无争，不轻易得罪人。

缺点是意志软弱，胆小怕事，底气不够，怕麻烦，对人对事采取逃避态度。如果能磨炼胆气，知难而进，勇敢果决而不退缩，会成为一个外有宽厚、内存刚强的刚柔相济式人物。

### 4. 说话平缓的人

这种人性格优雅，为人宽厚仁慈。缺点是反应不够敏捷果断，转念不快，属于细心思考的人，有恪守传统、思想保守的倾向。

如能加强果敢之风，对新生事物持公正而非排斥的态度，这种人就会显得从容平和，有长者风范。

### 5. 速度快、辞令丰富的人

这种人知识丰富，言辞激烈而尖锐，对人情事理理解得深刻而精当，但由于人情事理的复杂性，又可能形成条理层次模糊混沌的思想。

这种人做力所能及的工作，完全可以让人放心。一旦超出能力范围就显得慌乱，无所适从。接受新生事物的能力强，反应也快。

### 6. 义正言直的人

这种人言辞之间表现出义正言直、不屈不挠的精神，公正无私，原则性强，是非分明，立场坚定。缺点是处理问题不善变通，为原则所驱而显得非常固执。

这种人能主持公道，往往受人尊崇，不苟言笑而让人敬畏。

### 7. 喜欢标新立异的人

这种人独立思维能力强，好奇心强，敢于向权威说不，敢于向传统挑战，开拓性强。

缺点是冷静思考不够，易偏激，不被时人理解，成为孤独英雄。他们的异想天开往往能促其做成一些开创性事业。

### 8. 满口新词、新理论的人

他们接受新生事物很快，捡到新鲜言辞就能在日常生活中运用，而且有跃跃欲试、不吐不快的冲动。缺点是没有主见，不能独立面对困难并解决之，易反复不定，左右徘徊，比较软弱。如能沉下心来认真研究问题，磨炼意志，无疑会成为业务高手。

### 9. 抓住弱点攻击对方言论的人

这种人言辞锋锐，抓住对方弱点就严厉反击，不给对方回旋的机会。他们分析问题透彻，看问题往往一针见血，甚至有些尖刻。

由于致力于寻找和攻击对方的弱点，有可能忽略了在总体、宏观上把握问题的实质与关键，甚至舍本逐末，陷入偏执与死胡同中而不能自拔。

## ◎　倾听对方的抱怨，有助于解决问题

面对一个正在狂暴发怒的人，你会怎么去做？你也会向那个人一样怒火冲天，与他大吵一架吗？或是两人大打出手？相信这些都不是解决问题的正确方法，因为当对方发怒的时候，也是最缺乏理智的时候，在这个时候你的观点即便非常正确，他也会反驳到底，并且会更加愤怒。所以，面对熊熊的烈火，我们只有用水去浇灭，而不能用油把它熄灭。

人通常不会轻易就动怒，如果一个人愤怒而向他人发泄时，一定是他认为自己的自尊心受到了损害，才向对方显示出他的威严。我们要注意，不管对方怒气多么大或者多么可笑幼稚，当对方发怒的时候，我们唯一的选择就是静静地听他诉说，而且倾听时要表现

出很虔诚的样子，偶尔还需要表现出理解他此刻心情的样子，即便其实不能同意他的观点，但是也要表示出理解与同情，只有这个方法才会平息他心中的怒火。

一天，李经理去一家常去的餐厅吃饭，因为当时他生意上的事情没有解决好，所以心情不太好。就在李经理等待服务员给他送上所点的菜的时候，他发现邻座比他晚到的客人桌上都已经摆放了很多菜肴了。

李经理见到此状，勃然大怒，大声质问旁边的服务员为什么他早来了但是他所点的菜还没有上来，而比他晚来的人却先上了菜，这样做太不公平，让人难以接受。在一番吵闹后，餐厅经理过来了，餐厅经理了解了情况以后，先让服务员下去，然后静静地站在李经理旁边听他抱怨。等李经理抱怨完后，餐厅经理微笑着对他道歉，并说因为吃饭时间的客人太多，难免有疏忽。

然后餐厅经理解释说，之所以邻座的菜上得比较快是因为他们点的菜恰好跟前面的客人点的菜一样，厨房师傅就一起做了。正说的时候李经理的菜已经上来了，餐厅经理还让服务员赠送了一份果盘表示歉意。

这时，李经理回想起自己发火的原因觉得也没有什么意思，他自己心里知道是因为生意上的事情缠绕他，才使他脾气暴躁，觉得为了这样的事情发脾气显得自己很没有风度。于是他不好意思地说："没什么，只是到了吃饭的时候，人的心里就很急，看到别人都吃上了，火气也就上来了，真的是对不住！"

这件事情上，本来是李经理的发火不在理，如果餐厅经理不是那么耐心地听他的抱怨，用温和的方式来平息李经理的怒气，想必最后肯定是不欢而散，即使李经理知道自己发火是没有理由的，可能最后为了面子问题，也不会再光顾这一家经常吃饭的餐厅了。

正是餐厅经理懂得倾听，让对方发泄完自己的怒气，才使这件事和解。

另外，倾听的过程给我们提供了充足的分析时间，方便我们更全面地了解对方发火的原因，从而对症下药。

一个电气公司的经理在新上任的时候，就被一个客户大骂了一顿，其实也不是大骂，就是这位客户写了一封措辞严厉的信给公司，信中称对该公司的服务非常不满意，于是这名经理亲自拜访这位愤怒的顾客。

经理在接待处见了这位顾客后，就看见这位顾客脸色铁青。经理见状，不敢多言，想还是先让他发完火再解决问题吧。于是经理寒暄几句后，转入正题，刚说完："您对我们的哪些服务不满意，尽管说出来，我们会积极解决的。"那位客户就鞭炮似地开始数说服务的种种不到位的地方。

通过一番长达20多分钟的数说指责之后，经理终于从他的话中了解到了事情的症结所在。经理根据问题只是稍微提一下建议，这位顾客竟然说："你说的话让人愿意听，不过我不是怪你们，我是怪公司，不是针对你们的。"经理说："公司服务不好，我们做员工的有责任，如果您的问题得不到解决，我们的工作就没有做好。"听到经理如此态度诚恳地承认错误，客户心里的火逐渐消失了，这时客户说："您说的这个建议也行，其实这个问题也不大，以后我不再给你们公司写信了，你看行不？"这名经理表示非常感激客户对他们工作的支持，并在走的时候承诺一定会把这方面的问题解决掉。最后，顾客满意而归，而公司就问题进行了研究，并尽快去客户家进行了解决。而此后，这名客户再也没有写信到公司去了，这件事情就这样轻易地被解决了。

可见，这名经理就是一位非常聪明的人，他懂得静静地倾听，明白他只要在对方发泄愤怒和不满时，静静地在一旁听对方的抱怨，等对方发泄完了，也就好了，然后再从其言语中获得的信息，分析出问题所在，及时解决就可以了。

总之，在愤怒的人面前，我们要保持冷静；在他滔滔不绝宣泄的时候，我们要保持沉默；在否定某些意见的时候，我们要表示支持，等到他怒气平息的时候，我们再去和他谈论解决问题的方法才是明智之举。

## ◎ 巧妙地明知故问，让对方愉快倾诉

我们都知道想要进行有效的沟通，就要多说，这个多说并不是指我们自己说多少，而是要引导对方多说，听对方说。这样，他说得越多，我们才能了解得越多，才能更好地了解对方，更有效地控制谈话，让沟通变得顺畅无阻，让沟通更有效。

而如果谈论自己太多，通常是造成沟通无法顺利进行的重要原因。因为如果我们说得太多，对方说话的时间就少了，我们就无法知道什么对他是重要的，所以，赢得他人好感的办法是自己少说、引导他人多说，这样才能激发别人与我们互动的兴趣，才能与之建立良好的关系。

那么，当我们面对一个人的时候，怎么才能够让其说得更多呢？尤其是当我们面对的是不爱说话的人或者是很难相处的人的时候？

我们不妨巧用"明知故问"这一招。所谓的"明知故问"是原本没有疑问而自提自问，它是一种提问方式。通过明知故问，我们可以接近那些难以接近的人，如果你想在你的生活与工作中，与需

要建立关系但又很难相处的人交往，你就可以巧妙地使用这种方法提问，在该问的时候明知故问，让他们多多谈论自己。要知道，人们在谈论自己的时候，总是高兴的、投入的，只要他们高兴了，便容易与你形成互动。

当然，明知故问不是瞎问，通常明知故问的话题应该是一些对方愿意说甚至急切想说出来的事，可以问对方最得意的事，问对方最想让大家知道的事，问对方不便主动说、只能借你的口说出的事。这样，对方就会认为你很关心他，就会赢得对方的好感，就能增进彼此之间的友谊，使彼此的心更亲近。

巧妙提问是沟通的最好武器，我们要掌握好这个武器，在沟通中就会游刃有余。

一天中午，职员小张看到其单位女经理手上戴着钻戒，她为了和女经理尽力套近乎，就走上前去，面带羡慕地说："这么大一颗钻戒，应该很贵吧。"钻戒当然是很贵的，她只是明知故问而已。这位女经理听了她的话，脸上带着微笑，手摸着钻戒，开始说了起来，她说这是她老公从国外带过来的，然后她就开始介绍她老公去国外买钻戒的整个过程，越说越高兴。

后来她们又开始聊起国外的旅游景点，紧接着又聊上了国外的某个城市……总之，她们聊得非常尽兴，直到两个小时后，经理要上班了，她们才停下来，但她们约定晚上的时候一起去吃饭。

聪明的小张就是利用明知故问的方法，和经理建立了非常友好的关系。

保险推销员原一平前去拜访一位建筑企业的董事长渡边先生。可是渡边并不愿意理会原一平，多次拜访都被推脱了，后来有一次实在推脱不出去，渡边先生不得已接见了原一平，渡边一见面表露出不耐烦的情绪，并对他下了逐客令。

原一平并没有因此而退缩，而是问渡边先生："渡边先生，咱们的年龄差不多，但您为什么能如此成功呢？您能告诉我吗？"其实他早就收集了各种有关渡边的评论、言论、演讲，对其成功经历以及经验已经了如指掌了。他只是想通过这个话题打开渡边的话匣子，他知道渡边愿意说他的成功经验。

原一平在提这个问题时，语气非常诚恳，脸上表现出来的跟他心里想的一样，就是希望向渡边先生学习到其成功的经验。面对原一平的诚恳态度，渡边不好意思回绝他。于是，他就请原一平坐在自己座位的对面，把自己的经历开始向他讲述。没想到，就这样一聊就是3个小时，而原一平始终在认真地听着，并在适当时候提了一些问题，以示请教。

最后，渡边的建筑公司里的所有保险，都在原一平那里下保单了！

当然，有时候明知故问也是为了说服对方。

一般人总认为自己的想法和做法有价值，而在接受别人的意见时，总有一种不如别人的心理压力。在听别人的意见时，他总处于被动应付状态；如果是他想要做的，积极性特别高，创造性也就特别强。因此要说服别人接受新观点、新方法，最好让他们觉得这些新观点、新方法是他自己发现的。比如，可以在自己已经有建议的情况下，再明知故问一下。

比如，有一个仪表厂的班长为了说服大家保管好报纸，他不是给大家讲道理，而是请班里人想办法，他在班务会上说："为方便大家阅览报纸，请大家想想，用什么办法把班里报纸保管好？"大家你一言，我一语，提了不少建议，最后班长归纳大家的意见（其实是班长自己的意见），定了几条，果然效果不错，此后班里报纸一张也不少了。

　　班长的这一巧妙的一问省去了很多说服的时间，问题轻而易举就解决了。

　　可见，明知故问不仅能够促进彼此的关系，还能够巧妙地达到自己的目的。

　　但明知故问中的提问一定要得体，否则不仅不会起到促进关系的作用，还可能会招来别人的厌烦。例如"你今年多大啦？""为什么还不结婚呀？"等，这些话题，有时对方不便作答，自然而然地对你的问话很反感，会因此而讨厌你，对你敬而远之。所以，有些不该问的东西，即使你想问，也不要去问。

## ◎　边听边及时提问，寻找共同的话题

　　人生活在这个世界上，生理、心理上都有各式各样的需要，所以人们应当尽可能从某一方面去满足对方的需要，并以此为前提，同时也尽可能满足自己的需要。

　　话不投机半句多。我们常常有这样的感觉：与某些人谈话越谈越投机，而与某些人谈话却三言两语就想离开。通常，不懂得沟通的人，在刚刚张嘴与他人交谈时，就为一次无效的沟通埋下了种子。为什么还没说话就失败了呢？原因在于他们完全站在自己的立场上考虑问题，只希望一下子把自己所知道的或者感兴趣的信息迅速灌输到对方的头脑当中，根本不考虑对方是否对这些信息感兴趣。这种完全着眼于自身愿望的谈话方式注定要失败，因为对方往往会感觉与你的交谈非常枯燥，缺乏互动性，容易冷场。所以，在交流中，更重要的是让对方也加入交谈当中，而不是一个人在那里独自侃侃而谈。

　　要实现与交谈者互动的关键，就是要寻找到彼此间的共同话题，或者谈论对方感兴趣的话题，以此作为与交谈者建立感情的纽带。因为每个人都有自己的情况，诸如地位、素养、身份、职务、兴趣、气质、性格、习惯、经历等都各不相同，这也决定了每个人选择的话题有不同标准和需要。例如老年人喜欢议论过去，年轻人偏重于憧憬未来，男人热衷于竞争、比赛、时事等话题，妇女则对时装、感情、家庭之类的话题感兴趣，这些都说明了话题的选择要根据谈话对象而定。日本作家桐田尚作曾经说过："要建立良好的人际关系，要先多了解每一个人的家庭背景和生活环境，如此才能进入他的思想领域，和他进行更密切的沟通和良好的互动。"总之，一个话题，只有让对方感兴趣，会话才有继续进行的可能。如果是只从自己的兴趣出发，肯定会使别人感到索然无味。

　　美国女记者芭芭拉·华特初遇世界船王兼航空业巨头奥纳西斯时，他正与同门热烈讨论着货运价格、航线、新的空运构想等问题，芭芭拉始终插不上一句话。

　　在共进午餐时，芭芭拉灵机一动，趁大家讨论业务的短暂间隙，赶紧提问："奥纳西斯先生，您不仅在海运和空运方面，甚至在其他工业方面都获得了伟大成就，这真是令人震惊。您是怎样开始的？起初的职业是什么？"

　　这个话题拨动了奥纳西斯的心弦，使他撇开其他人，同芭芭拉侃侃而谈，动情地回忆了自己的奋斗史。

　　因为事业是一个人安身立命的根本，任何一个对事业勤奋努力、对人生追求不息的成功人士，一旦与人谈起工作、人生方面的话题，就会神采飞扬起来。芭芭拉正是紧紧抓住奥纳西斯在事业上的成功，找到这个话题，激发了对方的荣誉感和成就感，也就是在这方面满足了对方的需要，结果促使对方侃侃而谈，也同时满足谈话者的需要，就是这样芭芭拉成功了。可见寻找好的话题，找到对方兴趣点是多么的重要。

另外和人交谈还要善于寻找自己同对方的共同点，这样会使双方产生一种相见恨晚的感觉。

杨光坐火车回家，找到自己的床铺后，就主动和下铺的人攀谈起来："您好，我是从上海来的，你是哪里人啊？"

"嗯，云南大理。"

"大理啊，那可是个好地方，那可是五朵金花的故乡，还有金庸先生的好多电视剧就是在那儿拍的。"

"是啊，那里有个天龙八部影视城。"

"那你是白族吗？"

"是啊！"

"我听说白族的三道茶很有名的。"

"当然了，这个三道茶啊……"于是，两个人就这样从三道茶、云南各民族的风土人情再到金庸小说一直聊了很久，颇有相见恨晚的感觉。最后下车时，相互留下了联系方式。

这位杨光先生就是一位交流高手，他不断地寻找对方感兴趣或者能说很多的话题，使彼此的谈话非常愉快。从这个例子中我们也得到这样的启发：敢于同陌生人交谈，并善于巧找话题，就能更好地提高人际交往能力，有效地扩展人际交往的领域。但这就需要一个前提，就是要大量涉猎各个知识领域，拥有广博的知识。这样，在和不同的陌生人交往时，我们才能有话可说，不至于一问三不知。

成功谈话的秘诀重要的不是交谈，而是寻找共同感兴趣的话题。在谈话时，就要学会察言观色，抓住对方的心理状态。如果对方情绪低落或是伤心欲绝，那就不要急于交谈，而是先安抚对方或是让对方自己一个人独处；若是对方兴高采烈、兴致盎然，你大可以提出话题与之分享。

总之，当找到共同话题或者对方感兴趣的话题后，我们就可以轻松地倾听，寻找更多的话题，做深入的沟通了。

## ◎ 故意说些外行话，吸引对方来反驳

为达到倾听的目的，可以使用一下故意说错的方法。它只是一个小小的心理策略，但其往往能够取得意想不到的效果。如果我们能够充分掌握它，它就会给我们的生活与工作提供很多的方便。

当我们与他人相处，想打开话匣子却不知道如何说起时，我们可以故意说错一些对方很熟悉的事情，让对方为你纠正，此时你只需要做一个用心的听众就可以了，你们的沟通就开始了。

保尔·里奇是《芝加哥日报》的著名记者。一天，他坐列车的时候，恰巧碰上了同坐在这辆专用列车上的胡佛，并且更为幸运的是他刚好和胡佛在同一节车厢里，对他来说，这是一个采访这位著名人物的绝佳机会。但是，他感到十分烦恼，不知道说什么来和胡佛交流，因为他事先什么准备都没有。并且胡佛也不想接受任何采访，他只好紧紧地跟着胡佛，对他说些话，里奇甚至把话题都扯到了胡佛平时最感兴趣的事情上，想调动他谈话的积极性。但是胡佛此时却对任何事情都不感兴趣，话题一直也打不开。随着时间的推移，眼看着这个能够获得第一手资料的绝好机会就要过去了，里奇却一无所获。

里奇此时面临着一个每个人都曾遇到过的难题：他想给一个比他年长而且位高权重的知名人士留下一个好印象，可这位知名人

士对他一点兴趣也没有，冷淡得很。在这种状况下，里奇该用什么方法才能让胡佛注意到自己呢？就在他束手无策时，他忽然灵机一动，想到了一个在新闻采访中常常会用的心理策略：对内行故意发表一些外行的错误看法，以此引发被采访人反驳的兴趣。里奇说："正当我想要彻底放弃时，上帝保佑，我对一件事发表了一些明显错误的看法，而胡佛对这件事是很内行的。"

"当时火车正行经内华达州。我望着窗外那些寂静而凄凉的荒地和远处烟雾弥漫的群山说：'上帝！没想到内华达州还在用锄头和铲子人工垦殖呢。'"

"听了我的这些话，胡佛马上接着我的话说：'近代以来，那些旧式的、毫无目的的开垦早就被先进的机械方法替代了。'就这样，他几乎用了整整一个小时的时间跟我聊有关垦殖的事情，他越说越高兴，后来还跟我说起石油、航空、邮递等其他几个方面的问题。"

胡佛是当时世界上地位最显赫的人物之一，他作为总统候选人到巴罗、阿尔托做巡回演讲。不知有多少重要的客人在他的专车里盼望能与他交谈，以引起他的注意，可他却与从未谋面的里奇神采飞扬地聊了将近两个小时。

里奇成功了，通过这次谈话，他给胡佛留下了很深的印象。

从这里我们可以知道，里奇能赢得这次机会，不是靠他所表现出来的聪明，与此相反，正是由于他表现了自己学识不足的一面，让胡佛有了一个指出他错误的机会。在无形中，他也得到了自己想要的结果。

里奇的这个策略为何会对胡佛如此有效呢？因为人都有表现欲望，都希望别人知道他优秀的一面，一旦这个表现欲望被激发出来，他就会竭尽全力去做他认为他很拿手的事情。

所以，在我们和他人交流的时候，如果我们即便谈其感兴趣的话题或者共同的话题也无法激发对方谈话欲望的时候，不如故意说错一些话，让对方去纠正，也许此时，他会更愿意展示自己的才华。

另外故意说错话，也容易消除对方的戒备心。

美国内华达大学拉斯维加斯分校的恩格斯托姆博士做了一个实验，他让80名观众在看播音员报道时挑出他们说错话的次数，然后结合录像，对播音员的能力给出评价。结果发现，观众对于播音员能力的评价，和他们说错话的次数成正比，意即说错话的次数越多，越容易被评价为能力不强。

也许"能力不强"是个负面评价，但是在和他人交谈过程中，说错话却能够消除别人的戒备心理。你越是说错话，别人越会觉得你是个容易犯错的普通人，那么对方和你的交流就没有什么心理负担，这样对方就能轻松地和你交往了。

故意说错话，让别人来纠正，这种说话技巧可以俗称为"以话套话"。很多情况下，对方会在不经意间说出重要的信息。

某职员小张："市场部的林青，好像是A大毕业的吧？"

同事小王："不对，他是B大毕业的，还留过学。"

小张："啊，是吗？难怪他能得到这次出国访问的机会呢！不过我觉得你的经历更有含金量，就是机会的问题。"

小王："希望是吧……唉，谁让人家和领导的关系处得好呢。"

从这段对话中我们可以看出小王和同事林青以及领导的关系一般，其有一种怀才不遇的感觉。而小张从谈话中套出了有关林青的很多事情。

可见对某一话题故意说错，会有很多收获，当然在专业商务场合，说错话会让我们的专业能力受到怀疑，这时我们还是不要故意犯不应该犯的错误。

当我们想要获得某些鲜为人知的信息的时候，我们也可以通过故意说错来告诉别人一个秘密。

在现实交往中，从一定程度上来说，如果你先透露一些对方感兴趣的秘密，对方也会告诉你一些他认为秘密的话题，这是一个"心理感染"的过程。就像是当我们看起来很高兴的时候，正和我们聊天的人很快也会被我们高兴的情绪感染起来。但是，告诉别人秘密一定要把握好度，千万不要听到什么都说出去，这会降低你在别人心目中的威信。

有时候，我们怀疑某人行为的时候，也可以故意编织一个秘密，来套对方的话，以此获得自己想要的信息，这种方法经常在警察审讯歹徒的时候使用。在现实生活中，我们也可以酌情使用。

# CHAPTER 4

## 良言一句三冬暖，恶语伤人六月寒

有时要明知故问，比如"你的钻戒很贵吧！"

有时，即使想问也不能问，比如："你多大了？"

——佚名

## ◎ 舌头捅出的娄子，用手是填不平的

古代有一位国王，一天晚上做了一个梦，梦见自己满嘴的牙都掉了。于是，他就找了两位解梦的人。国王问他们："为什么我会梦见自己满口的牙全掉了呢？"第一个解梦的人说："国王，梦的意思是，在您所有的亲属都死去以后，您才能死，一个都不剩。"国王一听，龙颜大怒，杖打了他一百大棍。第二个解梦人说："至高无上的国王，梦的意思是，您将是您所有亲属当中最长寿的一位呀！"国王听了很高兴，便拿出了一百枚金币，赏给了第二位解梦的人。

同样的事情，同样的内容，为什么一个会挨打，另一个却受到嘉奖呢？因为挨打的人不会说话，得赏的人会说话而已。

"一句话说得人笑，一句话说得人跳。"关键就看你能不能把话说得巧妙。这里所谓的巧妙指的就是能够说出最善解人意或最贴切的话。要达到巧妙的境界，就必须对周围的人和事十分敏感，并掌握说话的技巧，随时都能果断地陈述自己的意见，而且重点是不能引起他人的反感。用这种技巧来处理棘手的情况或人际关系，你自然会令人感觉"如沐春风"而不是"言语可憎"。

有一则流传已久的笑话，说的是有人请五位客人吃饭。约好的时间早已过了，可是只来了三个人。他叹气说道："唉，该来的没有来！"有个客人听了这话觉得很不自在，他想：莫非我是不该

来的人？于是悄悄地走了。主人见状，又叹道："唉，不该走的走了！"剩下的两个客人听主人这么说，误认为他俩是该走而没有走的人，于是一气之下全走了。

这位热情好客的主人因为说话不妥当，非但宴请没搞成，而且还得罪了人，他用舌头给对方心里留下的阴影，恐怕短时间内难以抹去。

字为文章之衣冠，言语为个人学问品格的衣冠，有许多人衣貌堂堂，看上去高贵华丽，但是不开口还可以，一开口则满口粗俗俚言，使人听了非常不愉快，仅存的一点点敬慕之心，也立马全部消失，这种情形并不少见。可惜的是有些人并非学问品格不好，不过一时大意，自己不知道改正自己。俏皮而不高雅的粗俗俚言，人们初听时觉得新鲜有趣，偶尔学着说说，积久便成习惯，结果是随口而出。试想那些话在社交场上给人听见了，会产生怎样的效果呢？不习惯说这种话的人，听到时会觉得很难堪。

有一次，佛勒与某大银行的一位主管见面时，偶然说起他想在长岛设立一家银行，若能如愿，将来生意一定发达，前途无量。但是那位主管如何回答他的呢？他不但对这个计划不加赞同，甚至露出十分轻蔑的态度说："好啊！若是你寿命长，也许有一天你是可以在这里开设一家银行的。"说完便起身告辞。

后来佛勒先生告诉别人说："当时我听了他的那句冷语不觉燃起万丈怒火，这是什么话！'若是你寿命长'，不就等于说我是一个庸碌无能、怠惰成性、专等机会的人吗？这不是等于讥讽我一生一世也开不出银行来吗？这样大的一个耻辱，岂是一个堂堂男子汉所能忍受的？我便立即打定主意，计划着手开设一家银行来给他看，而且非使我的银行营业额超过他的记录不可。我真的这样做了，而且不到四年，我们银行的存款数额果然已经超过他的一倍以上！"这位主管的舌头在不经意间为自己树起了一个强大的敌人。

说话是一种艺术，也是一种诀窍，一个人只有掌握这种巧妙的方法，充分利用自己的三寸不烂之舌，才能获得成功。在说话的时候要认清对方，顾虑别人的情感，坦白直率，细心谨慎。宜常常谈话，但每次不可太长，说话的时候不可唯我独尊。古今中外的政治家、军事家，一言可以兴邦，一言可以丧国。对于一个人来说，不仅要学会移花接木，而且应落地生根。因为你老是说空话，放空炮，时间久了，你的话就再也没人听了，那么你也就失去了叩开成功之门的机会。切记"刀只有一刃，舌却有百刃"，舌头捅的娄子，用手是填不平的！

## ◎ 说话做事太直率，就显得粗俗野蛮

《论语·雍也》说："质胜文则野，文胜质则史，文质彬彬，然后君子。"意思是说："质朴胜过了文饰就会粗野，文饰胜过了质朴就会虚浮，质朴和文饰比例恰当，然后才可以成为君子。"

这段话告诉我们这样一个道理：为人过于直率，说话过于直爽，就显得粗俗野蛮。

有一则笑话是这样说的：有一位长得略胖的妇人一进服装店，售货小姐就对她说："大娘，你太肥了，我们没有您可以穿的衣服。"

这位太太正想反驳，小姐又加了一句："其实老了还是胖一点好。"

这位妇人气得不知如何发作才好，此时老板娘从后面走出来，这位太太马上告状："我今天是招谁惹谁了，怎么才进店，就被你们

店员说我又胖又老。"

老板娘很不好意思地赶紧赔不是，却是二度伤害，因为她说："我们这店员是从乡下来的，特别不会说话，但说的都是真话。"

说话直来直往的人说自己是说真话没有坏意，繁华落尽见真纯。然而按照现代台湾的说法是"非常诚实有点毒"，太容易伤人。

北宋时期的寇准，是我们所熟悉、所尊敬的一位好官、高官。处理国家大事，他游刃有余，但是与性格不合、政见不同的同事相处，他却吃尽了说话过于直爽的苦头。最典型的是对待副参知政事丁谓的故事，《资治通鉴》是这样记载的：

丁谓任中书官职时，对寇准非常恭谨。一次会餐，不小心寇准的胡子沾了汤汁，丁谓站起来慢慢替他擦干净。寇准讽刺说："你身为国家大臣，就是替人擦胡须的吗？"丁谓自此记恨寇准。

寇准的话看上去是玩笑，但实际上却是一种过于直爽的讽刺挖苦。官场中下级拍上级马屁本是平常事，但是如果上级当众不领情，甚至讽刺挖苦，下级便觉得扫面子。寇准所犯错误就是如此。自此，丁谓"倾构（全力诋毁）"寇准，并且和王钦若、曹利用等同样受过寇准谩骂、讽刺、挖苦的大官结成同盟，共同对付他，经常在皇帝面前说寇准的坏话。最后连皇帝也觉得寇准不会讲话了，寇准政治生命也随之结束，一而再，再而三被流放，直至客死雷州。

寇准的悲剧，根源就是没有管好自己的口，说话太直。

现实生活中，很多人的性格是心直口快，没有城府，从不拐弯抹角。有时候这样的人会很受欢迎，因为人们觉得他率直，交往起来很轻松，可有时候这样的人却很让人头疼，因为他总是无意中伤害别人，常常把人弄得下不来台却毫不察觉。你怪他吧，他是无意；你不怪他吧，他又屡次让你恼火。这样的家伙真是让人头疼。你会犯这样的错误吗？

吃喜酒时，个个都说新娘子打扮得真漂亮，可居然有人说化妆师用假发刘海掩盖了新娘美丽的真发，有点儿画蛇添足。在场的人都说："这是目前最时髦的发型，是最美的。"后来，他才知道是自己失言了，说了不该说的话，因为办喜事是要全说好话的。

在办公室，有些年轻的女同事美了容回来，问他怎么样。一般应该说，不错，很好。而他却是有好说好，有坏说坏。他就曾经直直地指责过同事眉毛不该描，描成假的，没有原来真的好看。弄得人家心情大坏，半天不说一句话。又如有一次，一位女同事买了一件新衣服回来，非常高兴地问他好看不好看。他实事求是地来了一句："衣服颜色与你的皮肤不般配。"害得人家衣服穿在身上也觉得不舒服。

你有过类似的做法吗？社会交往中，人与人之间的关系是一种很微妙的"化学反应"，也许一件小事就能让你和对方的关系很好，也可能很坏，关键是在于把握一个度。千万不要因为说话像把利剑而伤人伤己了。

也许你会说，我本来就性格直爽，实在讨厌拐着弯说话。那么现在教给你一个办法：开口之前先问自己三个问题。

这是真的吗？

这是善意的吗？

这是有必要的吗？

这三个问题叫"开口的三扇门"，可以在当代佛教和印度教的著作中找到相关解释。提出这些问题至少能在开口之前给自己一点暂停的时间，而这短暂的时间足以给你省掉很多麻烦。

这是真的吗？这个问题为我们打开了一个很大的深思空间。比如说，"真实"仅仅是指字面上的真实吗？当你蓄意扭曲或否认事实的时候当然知道自己在撒谎。那么，轻微的夸张也是撒谎吗？如果你省去了虚构的一部分，那么这还真实吗？

在你好朋友的眼中，她的男友是个聪明、风趣的男生；在你眼中，他却是个自命不凡、骄傲自大的人。为何即便是对同一个人，两个人也能产生根本不同的判断呢？这就是个人评判带来的虚构空间。

就自己而言，你可以允许自己说点小谎。但是当你在以一种权威人士的语气说话时，一定要试着问自己："我对这件事情确定吗？"通常，你会不得不承认自己经常是不确定的。

这是善意的吗？有些评论明显是友善的。但是当善意与真相冲突的时候该怎么办呢？是不是因为有些真相令人难以承受（即使是善意的）就不应该说出来呢？是不是掩盖一个你知道会引起痛苦的真相就是怯懦的表现呢？如果你的语言会毁掉一段友谊、破坏一段婚姻、毁灭一个人的生活，你还会说出来吗？

这是有必要的吗？一位朋友说他经常让一些话语停留在口里不说，他的理论是：当真相和善意相冲突的时候，最好的选择是闭口不言。但有时候，即使我们知道自己的话语会造成不好的结果，也必须将真相和盘托出。比如你知道公司的会计在做假账，即便会计是你最好的朋友，你作为职员也有义务向老板报告。但是，在不明真相之前，告诉你的朋友你看见他的女友和别的男人在一起，这样有必要吗？在办公室里讨论流言蜚语有必要吗？

如果在开口之前，你真的思考了这三个问题，那么你的"刀子嘴"伤人的可能性将会变得极小，你会发现身边的人对你友善了许多。

切记，说话是一门艺术，可以表现一个人的人文修养和见识，大到一言可以兴邦或丧国，小到个人人生的成败得失。说话的诚意与文饰并重才不至于太野蛮或太虚假，才称得上文质彬彬。个中道理，须仔细斟酌。

## ◎ 相交不必尽言语，恐落人间惹是非

苏东坡曾经留下过这样一首诗："高山石广金银少，世上人多君子稀。相交不必尽言语，恐落人间惹是非。"

"相交不必尽言语"，就是这个道理。很多时候，我们谈兴甚浓，于是海阔天空无所不谈，画蛇添足或是把一些完全不该说的话和盘托出。这样岂能不惹是非？

林丽不久前刚刚生了一个孩子。一天，她和另一个办公室的小杨迎面遇到了。小杨出于礼貌，打招呼说："你来上班了？真辛苦啊！你生的小孩还可爱吧？"

说完之后，小杨立即意识到了自己的话语有些欠妥，因为没有谁认为自己的孩子是不可爱的，而你还要再去强调这个问题，必然引起对方的不快。果然，林丽就说："谢谢！你早点生孩子不就知道可爱不可爱了！"而小杨是一个30多岁，还没有婚史的人。林丽也多说了后面这一句话，刺伤了小杨的自尊，就加深了两个人之间更多的误会。如果她们都能适可而止吞下后面的一句话，就不会造成彼此的不愉快了。

在与人交往中要做到吞下不该说的话，应该具备这样的心态：就算你是全世界最自我的人，也要懂得尊重别人。不要以为吞下想说的最后一句话就不自我，其实这样才是真正懂得保护自己。

适时地闭上你的嘴巴，你会看起来更加可爱。不要罔顾别人的想法而肆意倾倒你的垃圾信息，更不要随便对一个不熟悉的人卖弄你的小道消息和私人问题。

小心那些只听不说的人，或许是因为害羞，或许是他们别有用心。在询问式和操纵式的倾听中，要学会分辨同情理解或居心叵测的耳朵。

尤其要注意的是，在办公室这个弹丸之地中，此起彼伏的流言蜚语，其杀伤力之强简直匪夷所思。如何在办公室里保护好自己，实在是一门大学问。下面这些内容是你不得不学的：

小心别在办公室谈论自己的私事，或是在同事间散播别人的八卦，这两种行为都会不自觉把自己推入危险的境地。但你绝对应该张大耳朵，封紧嘴巴，"有耳无嘴"不只是大人教训小孩子的话，也是办公室丛林的生存法则之一。

八卦一向是同事间联络感情最佳的共同话题，尤其在茶水间、洗手间这两间"谈话室"里，往往是众家流言的最大集散地，也是大家说老板坏话的"秘密花园"。然而，就算你在办公室受了多大冤屈，苦水满腹，都不应该向同事诉苦。原因有二，牢骚如同狐臭，人人避之唯恐不及，没有人有义务当你的情绪垃圾桶；其二，办公室不是你找心理医师的地方，有些人会以为互相交换心事是两人结盟的保证，但万一有一天两个人不再是朋友呢？过去的秘密可就成了对方手上的把柄了。

因此，不论你跟老板私交多好，或是心结多深，都不要在公司里张扬。如果你条件不错，工作认真，也交出了漂亮成绩，一定不希望自己努力的成果被归因于跟上司的"特殊关系"吧！万一你跟上司之间有误会或摩擦，被有心人知道了，难保不会成为被利用的话题或炒作的题材，两者对你一点好处都没有。

　　八卦可以多听，但不能多讲，最好只进不出。所谓"祸从口出"，口水是名副其实的"祸水"，不管是泄露自己的私事，或转述听来的是非，都可能让自己陷入言多必失的境地。更要不得的是以成为八卦中心为荣，到处打探小道消息，当心变成被利用的对象还不自知。

　　避免敏感话题：不要去探究别人的年终奖金之类的问题，对于此类问题，别人喜欢对你打哈哈，而你自己也不会喜欢告诉别人。所谓"己所不欲，勿施于人"，就是这个道理。

　　不要随意对同事发牢骚，诉说对公司制度的不满，小心传到老板的耳朵里，落得连申辩的机会都没有。

　　做个"含蓄"的人。无论富贵有余，还是穷苦不足，都不要向别人显露。而对于私生活，更应该保有隐私权。不要让老板认为你是一个控制不了自己情绪的人。

　　雄心大志要藏好。大张旗鼓地告诉全天下人你要坐上某某职位，这无异于向同僚，乃至于你的上司宣战。小心"壮志未酬身先死"。

　　上司如果对你发火了，你要维持自身一贯的作风，做到不卑不亢，应对有术。最后可以告诉你的上司，你已经做好听的准备了，请他坦诚地说好了。这样你反而会起死回生。但如果是你的错误，请你恳切地道歉，弥补自己的过失。

　　总之，在社交场合中，少说多听是一条永恒的守则。侃侃而谈不见得给自己增添光彩，更不能说明自己有学问，相反却会带来言而不实、卖弄自己的恶名。自己的脑袋一定要管住自己的嘴巴，说话一定要经过思考，这样才能长久地拥有快乐。

## ◎ 善谈者必善幽默，风趣者大受欢迎

英国哲学家培根曾经说过："善谈者必善幽默。"

幽默风趣的谈吐，无论是在日常生活中，还是在重大的社交场合，都是离不开的。说话的幽默是指我们在谈吐中，利用语言条件，对事物表现诙谐、风趣的情趣。幽默的谈话不仅能吸引听者的注意力，而且还能与听者建立起亲密的关系。要是你的话能使听者情不自禁地笑了起来，就表明听者已完全进入了与你的思想交流之中。所以人们说幽默的谈吐是口才的标志之一。

英国有一位美貌风流的女演员，曾写信向萧伯纳求婚，并表示她不嫌萧伯纳年迈丑陋。她在信里写道："咱们的后代有你的智慧和我的外貌，那一定是十全十美的了。"

萧伯纳给她回了一封信，说她的想象很美妙，"可是，假如生下的孩子外貌像我，而智慧又像你，那又该怎样呢？"

萧伯纳这位大师，把深邃的哲理寓于幽默的谈吐之中。可以这么说，在生活中，谁都喜欢跟那些谈吐幽默、机智风趣的人交谈，而口才好的人，差不多都善于用这样诙谐的语言，具有极强的幽默感。

英国作家哈兹里特曾把幽默在谈吐中的作用，比作是炒菜中的调味品，这是很恰当的。它说明：幽默在谈话中是绝不可缺少的。尽管你的话语中有许多实在的内容，假如没有幽默，就没有味道，也缺少魅力。然而幽默能使听者对你的话语感兴趣，但它并非食物，因此很少能从根本上改变听者的态度。所以，我们对幽默的作用，既不要小看，也不宜估计过高。

以下简要介绍幽默的十大技法，可以帮助你掌握和领略幽默风趣的艺术。

## 1. 大词小用法

作家冯骥才访问美国，有非常友好的华人夫妇带着他们的孩子来拜访，双方交谈得投机之时，冯骥才突然发现那孩子穿着皮鞋跳到了床上。这是一件令人很不愉快的事，而孩子的父母竟然浑然不觉。此时，任何不满的言语或行为都可能导致双方的尴尬。怎样让孩子下床呢？

冯骥才很轻松地解决了，凭着他的阅历和应变的能力，他幽默地对孩子的母亲说："请您把孩子带回到地球上来。"主客双方会心一笑，事情得到圆满的解决。

在这里冯骥才只玩了个大词小用的花样，把"地板"换成了"地球"，但整个意义就大不相同了。地板是相对于墙壁、天花板、桌子、床铺而言，而地球则相对于太阳、月亮、星星等而言。"地球"这一概念，把主客双方的心灵空间融入了茫茫宇宙的背景之中。这时，孩子的鞋子和洁白的床单之间的矛盾便被孩子和地球的关系淡化了。

技法要领：所谓"大词小用法"，就是运用一些语义分量重、语义范围大的词语来表达某些细小的、次要的事情，通过所用词的本来意义与所述事物内涵之间的极大差异，造成一种词不符实、对比失调的关系，由此引出令人发笑的幽默来。

## 2. 戏谑调侃法

有一个人很有幽默感，而且擅长恭维。一天，他请了几位朋友到他家一聚，准备施展一下自己的专长。他临门恭候，等朋友接踵而至的时候，挨个儿问道："你是怎么来的呀？"

第一位朋友说："我是坐的士来的。"

"啊，华贵之至！"

第二位朋友听了，打趣道："我是坐飞机来的！"

"啊，高超之至！"

第三位朋友眼珠一转："我是坐火箭来的！"

"啊呀，勇敢之至！"

第四位朋友坦白地说："我是骑自行车来的。"

"很好啊，朴素之至！"

第五位朋友羞怯地说："我是徒步走来的。"

"太好了，走路可以锻炼身体，健康之至呀！"

第六位朋友故意出难题："我是爬着来的！"

"哎呀，稳当之至！"

第七位朋友讥讽地说："我是滚着来的！"

主人并不着急，说："啊，真是周到之至啊！"

众人齐笑。

主人的戏谑幽默是纯自我保护性的，几乎无攻击性，表现了他触景生情、即兴诙谐的才智。

技法要领："戏谑幽默法"，就是带有很强的攻击性，或表面攻击性强，其实无攻击性的幽默技巧。越是对亲近的人攻击性越强，越是对疏远的人攻击性越弱。简言之，就是开的玩笑是带有机智、哲理的玩笑，目的是增加你与对方的亲切感。

### 3. 歪解幽默法

歪解就是歪曲、荒诞的解释。

三位母亲自豪地谈起她们的孩子，第一位说："我之所以相信我家小明能成为一名工程师，是因为不管我买给他什么玩具，他都把它们拆得七零八散。"

第二位说："我为我的儿子感到骄傲。他将来一定会成为出色的律师，因为他现在总爱和别人吵架。"

第三位说："我儿子将来一定会成为一名医生，这是毫无疑问的，因为他现在体弱多病。俗话说'久病成良医'。"

读到这儿，我们都会忍俊不禁。这种幽默的力量是从哪里来的呢？很显然，是从这三位母亲滑稽的解释中得来的。如果说儿子能当上工程师是因为喜欢用积木搭桥盖房子，说儿子能当律师是因为喜欢法官的大盖帽，说儿子能当医生是因为他常玩给布娃娃打针的游戏，那就没有多少幽默感可言了。这种解释是从生活的常理中来的，人们听来毫不觉得意外，所以并不可笑。而这里的三位母亲却都跳出了这些常理的框框，给这些问题找到了一个似是而非、牛头不对马嘴的解释，结果和原因之间显得那样不相称，那样荒谬，两者之间形成了巨大的反差，于是形成了幽默感。

技法要领：俗话说，理儿不歪，笑话不来。"歪解幽默法"就是以一种轻松、调侃的态度，随心所欲地对一个问题进行自由自在的解释，硬将两个毫不沾边的东西捏在一起，以造成一种不和谐、不合情理、出人意料的效果，在这种因果关系的错位和情感与逻辑的矛盾之中，产生幽默的技巧。

### 4. 借语作桥法

英国作家理查德·萨维奇患了一场大病，幸亏医生医术高明，才使他转危为安。但欠下的医药费他却无法付清。最后医生登门催讨。

医生说："你要知道，你是欠了我一条命的，我希望有个报偿。"

"这个明白。"萨维奇说："为了报答你，我将用我的生命来偿还。"说罢，他给医生递过去两卷本《理查德·萨维奇的一生》。

作家这样说就比向对方表示拒绝或恳求缓期付款要有趣得多。其方法并不复杂，不过是接过对方的词语（生命），然后加以歪解，把"生命"变成"一生"。显然，两者在内涵上并不一致，但在概念上却能挂上钩。

技法要领："借语作桥法"是指交谈中，一方从另一方的话语中抓住一个词语，以此为过渡的桥梁，并用它组织成自己的一句对方不愿听的话，反击对方。

作为过渡桥梁要有一个特点，那就是两头相通，且要契合自然，一头与本来的话头相通，另一头与所要引出的意思相通，并以天衣无缝为上。"借语作桥"在于接过话头以后，还要展开你想象的翅膀，敢于往脱离现实的地方想，往荒唐、虚幻的地方想。千万别死心眼、傻乎乎，越是敢于和善于胡说八道，越是逗人喜爱。

### 5. 推理幽默法

有人请阿凡提去讲道。阿凡提走上讲坛，对大家说："我要跟你们讲什么，你们知道吗？"

"不，阿凡提，我们不知道。"大伙说。

"跟不知道的人我要说什么呢，还说什么呢？"

阿凡提说完，走下讲坛便离开了。

后来，阿凡提又被请来。他站到讲坛上问："喂，乡亲们！我要跟你们说什么，你们知道吗？"学乖了的人们马上齐声回答："知道！"

"你们知道了，我还说什么呢？"阿凡提又走了。

当阿凡提第三次登上讲台，又把上两次的问题重复一遍后，那些自作聪明的人一半高喊："不知道！"另一半则喊："知道！"

他们满以为这下可难住了阿凡提，哪知道，阿凡提笑了笑说："那么，让知道的那一半人讲给不知道的另一半人听好了！"说完扬长而去。

　　阿凡提的过人之处就在于他利用"知道"与"不知道"这两个不具体而虚幻的原因，从而推理出与大家希望完全相反的结果，以不变应万变，不管对方怎么变幻情况，理由也跟着变幻，而行为却一点不变。这就是"推理幽默法"使你在社交中能够超凡脱俗、潇洒自如的妙处。

　　技法要领："推理幽默法"是借助片面的、偶然的因素，构成歪曲的推理。它主要是利用对方不稳定的前提或自己假定的前提，来推理引申出某种似是而非的结论和判断。它不是常理逻辑上的必然结果，而是走入歧途的带有偶然性和意外性的结果。

### 6. 反语幽默法

　　"反语幽默法"是造成含蓄和耐人寻味的幽默意境的重要语言手段之一。简言之，就是故意说反语，或正语反说，或反语正说。

　　《镀金时代》是美国幽默大师马克·吐温的杰作。它彻底揭露了美国政府的腐败和政客、资本家的卑鄙无耻。当记者在小说出版之后采访他，他答记者问时说："美国国会中，有些议员是狗娘子养的。"此话一经发表，各地报纸杂志争相刊出，使美国国会议员暴怒，说他是人身攻击，正因不知哪些议员是狗娘子养的，便人人自危，所以群起鼓噪，坚决要马克·吐温澄清事实并公开道歉，否则将以中伤罪起诉，求得法律手段保护。

　　几天后，在《纽约时报》上，马克·吐温刊登了一则致联邦议员的"道歉启示"："日前鄙人在酒会上答记者问时发言，说'美国国会中有些议员是狗娘子养的'，事后有人向我兴师问罪。我考虑再三，觉得此话不恰当，而且不符合事实。故特此登报声玥，我的话修改如下：'美国国会中有些议员不是狗娘子养的。'"

　　这段"道歉启示"，只在原话上加上一个"不"字，前边说

"有些是"，唯其未指出是谁，因此人人自危；后改成"有些不是"，议员们都认为自己不是，于是，那些吵吵闹闹的议员们不再过问此事。

马克·吐温以他自己超人的智慧平息了这场风波，以反语的手法，使本来对他怀有敌意的人们谅解了他。

技法要领："反语幽默法"就是用相反的词语表达本意，使反语和本意之间形成交叉。"反语幽默法"的技巧在于以反语语义的相互对立为前提，依靠具体语言环境的正反两种语义的联系，把相对立的双重意义辅以其他手段，如语言符号和语调等衬出，使对方由字面的含义悟及其反面的本意，从而令人发出会心的微笑。

### 7. 指鹿为马法

《史记·秦始皇本纪》记载说：

赵高想造反，害怕群臣不听使唤，因此先设法试验，拿着鹿献给二世，说："这是一匹马。"二世笑着说："丞相弄错了吧，怎么把鹿当作马？"赵高问众大臣，有的大臣不回答，有的说是马谄谀赵高，有的说就是鹿。赵高就把说是鹿的暗记下来，假借名义送法严办。从此以后，大臣们都畏惧赵高。

依当时的情形看，赵高"指鹿为马"，是他为谋权篡位采取的卑劣手段，若站在交际的角度来说，"指鹿为马"则是一种高超的幽默艺术。

某厂，有两个工人在评价他们的厂长。

"厂长看戏怎么总是坐在前排？"

"那叫带领群众。"

"可看电影他怎么又坐中间了？"

"那叫深入群众。"

"来了客人，餐桌上为什么总有我们厂长？"

"那是代表群众。"

"可他天天坐在办公室里，车间里从不见他的身影，又怎么讲！"

"傻瓜，这都不懂，那是相信群众嘛！"

谁都明白这两位工人在心照不宣地指鹿为马，指白说黑地讽刺他们厂长的工作作风。虽然显得名实不符，却有很强的幽默感。这是为什么呢？因为幽默感并不是一种客观的科学的认识，而是一种情感的交流。情感是主观的，不是客观的，情感与科学的理性是矛盾的。科学的生命在于实事求是，而情感则不然，实事求是不一定完全表达情感。幽默的生命常常在名不副实的判断中产生。

技法要领："指鹿为马"在幽默中就是用双方心照不宣的名不符实，把白的说成黑的，从而产生反差，传达另外一层真正要表示的意思，达到幽默交流的目的。

### 8. 位移真义法

人们总希望自己能言善辩，能够妙语连珠、幽默诙谐地和周围的同事、朋友们交谈。或许，"位移真义"这种巧钻空子的幽默技巧能为你的谈吐增色。

在一次军事考试的面试中，主考的军官问士兵："一个漆黑的夜晚，你在外面执行任务，有人紧紧地抱住你的双臂，你该说什么？"

"亲爱的，请放开我。"报考者幽默地回答。

乍一看，我们也许会莫名其妙，可等你回过神来，恍然大悟时，一定会忍俊不禁的。"亲爱的，请放开我。"一般是情人间亲昵的用语，军官提问是想知道他的士兵怎样对付敌人，而年轻的士兵则理解或者说故意理解为恋人抱住他双臂时，他该说什么。把原心理重点"怎样对付抱住他双臂的敌人"，巧妙地移到另一个主题——"怎样对付抱住他双臂不放的情人"。这就是我们所说的"位移真义法"。

技法要领：人们说的话，往往字面意义与说话人想表达的意义并不完全一致，我们暂且称它们为表义和真义。将人们说的话的真义弃之不顾，而取其表义，是"位移真义法"的根本技巧。

### 9. 望文生义法

"文革"时期，有位姓张的干部在"批判会"上被诬陷为"两面派"，谁知老张淡淡一笑，答道："刚才有人说我是'两面派'，这使我十分奇怪！请看我的脸：皮肤是这样黑，颧骨是这样高，两颊是这样瘦，鼻梁是这样低，嘴唇是这样厚。双眼无神，两耳招风……"

说着他指着自己的脸，风趣地说："让革命群众一起评一评吧，如果我还有另一张脸，是什么'两面派'的话，我会用这张脸吗？"

一句俏皮话，引得听众哈哈大笑。诬陷老张的人狼狈不堪，老张因而平安通过"批判"会。

老张这番话中，从"两面派"的表面字义来理解，明知故错地把它解释成"有两张面孔的人"，再郑重其事地"摆事实，讲道理"，证明自己并没有两张面孔。由于这一点是众所周知的事实，老张却煞有其事地去论证，刻意费力，显得滑稽可笑，十分幽默。

技法要领："望文生义法"是一种巧妙的幽默技巧。运用它，一要"望文"，即故作刻板地就字释义；二要"生义"，要使"望文"所生之"义"变异得与这个"文"通常的意义大相径庭，还要把"望文"而生的义，引向一个与原义风马牛不相及的另一个内容上，从而在强烈的不协调中形成幽默感。

### 10. 随机套用法

"随机套用法"就是预先熟练地掌握一些与本人工作生活有关

的幽默范例，然后加以灵活套用的幽默技巧，最好能根据自己所处的环境特点即兴加以发挥。

张大千是我国现代著名的画家。他留着长须，讲话诙谐幽默。一天，他与友人共饮，座中谈笑话，都是嘲弄长胡子的。张大千默默不语，等大家讲完，他清了清嗓门，态度安详地也说了一个关于胡子的故事：

三国时候，关羽的儿子关兴和张飞的儿子张苞随刘备率师讨伐吴国。他们两个人为父报仇心切，都想争当先锋，这却使刘备左右为难。没办法，他只好出题说："你们比一比，各自说出自己父亲生前的功绩，谁父功大谁就当先锋。"

张苞一听，不假思索顺口说道："我父亲当年三战吕布，喝断坝桥，夜战马超，鞭打督邮，义释严颜。"

轮到关兴，他心里一急，加上口吃，半天才说了一句："我父五缕长髯……"就再也说不下去了。

这时，关羽显圣，立在云端上，听了儿子这句话，气得凤眼圆睁，大声骂道："你这不孝之子，老子生前过五关斩六将之事你不讲，却在老子的胡子上做文章！"

听了这个幽默的故事，在座的无不大笑。

张大千巧妙地套用了关于胡子的幽默故事，不仅使自己摆脱了众矢之的的困境，而且也反击了友人善意的嘲弄。

技法要领：掌握一些现成的幽默的语言、轶事、故事之后，不但要做到不为所制，而且更重要的是灵活自由地套用它来说明自己的观点，解决自己面临的困境。这时，要有一种大肆发挥的气魄，切忌拘谨。而在发挥时，就不仅是套用，而是创造幽默了。

## ◎ 适当地赞美他人，人际关系更圆融

德国历史上的"铁血宰相"俾斯麦为了拉拢一位敌视他的议员，便有计划地在别人面前说那位议员的好话。俾斯麦知道，那些人听了自己对议员说的好话后，一定会把他的话传给那位议员。后来，两人成了无话不说的朋友。

人往往喜欢听好听的话，即使明知对方讲的是奉承话，心里还是免不了会沾沾自喜，这是人性的弱点。一个人听到别人说自己的好话时，绝不会感到厌恶，除非对方说得太离谱了。作为一门学问，说好话的奥妙和魅力无穷，然而，最有效的好话还是在第三者面前说。

设想一下，若有人告诉你，某某在背后说了许多关于你的好话，你能不高兴吗？这种好话，如果是在你的面前说给你听的，或许适得其反，让你感到很虚假，或者疑心对方是否出于真心。为什么间接听来的便会觉得特别悦耳动听呢？那是因为你坚信对方在真心地赞美你。

当你直接赞美对方时，对方极可能以为那是应酬话、恭维话，目的只在于安慰自己。要是通过第三者来传达，效果便会截然不同。此时，当事者必定认为那是认真的赞美，没有半点虚假，从而真诚接受，还会对你感激不尽。

在现实中，我们往往会看到这样的现象：当父母希望孩子用功读书时，采用整天当面教训孩子的方法，很难获得一些效果。但是，假如孩子从别人嘴里知道父母对自己的期望和关心，父母在自己身上倾注了很多心血时，便会产生极大的动力。

　　卡尔上初中后，由于他父亲去世的影响，学习成绩逐渐下降。他的妈妈苏珊想方设法帮助他，但是她越是想帮儿子，儿子离她越远，不愿和她沟通。卡尔学期结束时，成绩单上显示他已经缺课95次，还有6次考试不及格。这样的成绩预示他极有可能连初中都毕不了业。苏珊想了很多办法，比如带他到学校的心理老师那里去咨询、软硬兼施、威胁、苦口婆心地劝他甚至乞求他，但是，这一切都无济于事。卡尔依然我行我素。

　　一天，正在上班的苏珊接到一个自称是卡尔学校的心理辅导老师的电话。老师说："我想和你谈谈卡尔缺课的情况。"

　　老师刚说了这一句，不知为什么，苏珊突然有一种想倾诉的冲动。于是她坦率地把自己对卡尔的爱，对他在学校里的表现所产生的无奈，她自己的苦恼和悲哀，毫无保留地统统向这个从未谋面的陌生人一吐为快。苏珊最后说："我爱儿子，我不知道该怎么办。看他那个样子，我知道他还没有长大，他是一个好孩子，只要他努力，他会学出好成绩，我相信他，我的儿子是最棒的。"

　　苏珊说完以后，电话那头一阵沉默。然后，那位心理辅导老师严肃地说："谢谢你抽时间和我通话。"说完便挂上电话。

　　卡尔的下一次成绩单出来了，苏珊高兴地看到他学习有了明显的进步。后来卡尔一跃成为班上的头几名。

　　一年过去了，卡尔升上了高中，在一次家长会上，老师介绍了他从差生向优生的转变过程，还夸奖苏珊教子有方。

　　回家的路上，卡尔问苏珊："妈妈，还记得一年前那位心理辅导老师给您打的电话吗？"苏珊点了点头。

　　"那是我。"卡尔承认说，"我本来是想和您开个玩笑的。但是我听见了您的倾诉，心里很难过。我就想，是我伤了您的心。这使我很震惊。那时候我才意识到，爸爸去世了，您多不容易啊！我必须努力，再也不能让您为我操心了，我下定决心，一定要让您为有我这个儿子而骄傲。"

卡尔的一席话，使苏珊的心里顿时充满了温暖。

请多多和孩子沟通与交流，让彼此的心灵不再遥远。如果你对孩子有什么看法和建议，不妨找个机会开诚布公地谈一谈。

又如，当下属的人，平时上司在自己面前说了很多勉励的话，但还是没有多大感触，但当有一天从第三者的口中听到了上司对自己的赞赏后，深受感动，从此更加努力工作，以报答上司对自己的"知遇"之恩。

多在第三者面前说一个人的好话，是使你与那个人关系融洽的最有效的方法。假如有一位陌生人对你说："某某朋友经常对我说，你是位很了不起的人！"相信你感动的心情会油然而生。那么，我们要想让对方感到愉悦，就更应该采取这种在背后说人好话的策略。因为这种赞美比起一个魁梧的男人当面对你说"先生，我是你的崇拜者"更让人舒坦，更容易让人相信它的真实性。这种方法不仅能使对方愉悦，更具有表现出真实感的优点。

赞美是欣赏，是感谢，给人的喜悦是无可比拟的。一副冷漠的面孔和一张缺乏热情的嘴是最使人失望的。怎样赞美呢？主要有以下四种方式。

### 1. 直接式赞美

赞美他人最常见的方式就是直接赞美。特别是上级对下级、老师对学生、长辈对晚辈。它的特点是及时、直接。

被誉为"近代物理学之父"的爱因斯坦平日酷爱音乐，喜欢弹钢琴，擅长拉小提琴。有一年，他应邀对比利时访问，比利时国王和王后都是他的朋友，王后也是一个音乐迷，会拉小提琴。他和王后在一起合奏弦乐四重奏，合作得非常成功。爱因斯坦对王后说："您演奏得太好了！说真的，您完全可以不要'王后'这个职业。"听了爱因斯坦的赞美，王后为此兴奋了好一阵。

### 2. 间接式赞美

在日常生活中，如果我们想赞美一个人，不便对他当面说出或没有机会向他说出时，可以在他的朋友或同事面前，适时地赞美一番。这样收到的效果会更好。

南北战争开始时，北方联军连吃败仗。后来林肯大胆启用了一位将军——格兰特。他出身平民，衣着不整，言语粗俗，行为莽撞，有人还说他是个酒鬼。林肯心里明白，所有对他的传言都是夸大之辞……后来，竟然有人要求林肯撤掉格兰特的军职，其理由是说他喝酒太多。林肯则不以为然，他赞扬格兰特说："格兰特总是打胜仗，要是我知道他喝的是哪种酒，我一定要把那种酒送给别的将军喝。"格兰特没有辜负林肯的信任，为结束南北战争立下了赫赫战功，证明他的确是一位能力卓越的将军。后来，他竟成为美国第十八任总统。

### 3. 意外式赞美

出乎意料的赞美，会令人惊喜。

丈夫工作一天后回家，见妻子已摆好了饭菜，称赞妻子几句；老师见学生把教室打扫得干干净净，夸奖一番。在妻子与学生看来是应该的，却得到赞美，心情是无比愉悦的。

有时，赞美的内容出乎对方意料，也会引起对方的好感。卡耐基在《人性的弱点》中写了一个他曾经历过的故事：一天，他去邮局寄挂号信，办事员服务态度很差。当卡耐基把信件递给她称重时，他说："真希望我也有你这样美丽的头发。"听闻此言，办事员惊讶地看看卡耐基，接着脸上露出微笑，服务变得热情多了。

### 4. 激情式赞美

人，总是喜欢被赞美的，无论是咿呀学语的孩子，还是白发苍苍的老翁。因为人任何时候都有一种被人肯定、被人赞美的强烈愿望。恋人之间尤其需要赞美。赞美既是获取爱情的催化剂，又是缓和矛盾的润滑剂，还是保持感情的稳定剂。

情人眼里出西施。在拿破仑眼中，他的妻子约瑟芬是天下最有魅力的女人，他用尽了一切华美的、无与伦比的词语去赞美她。拿破仑在行军中给约瑟芬写信说："我从没想到过任何别的女人，在我看来，她们都没有风度，不美，不机敏！你，只有你能够吸引我，你占有了我整个心灵。"他有一次甚至在约瑟芬耳边以哀求的语气说："啊！我祈求你，让我看看你的缺点！请不要那么漂亮、那么优雅、那么温柔和那么善良吧！尤其是再不要哭泣，你的泪水卷走了我的理智，点燃了我的血液。"

对于心爱的人，拿破仑无法掩饰自己的赞美之情，这种激情式赞美使约瑟芬十分受用和满足。

赞美的效果表现在以下五个方面。

### 1. 能缓和矛盾

人与人相处，产生矛盾在所难免，夫妻也不例外。对此，一旦有了纷争，即使认为自己一方在理，也要避免过分的数落、指责。这时候，最好的方式是使用调侃、幽默的言语，浇灭对方的怒气，达到释疑解纷的效果。

有一位妻子虚荣心重，当夫妻商量出席友人婚礼时，她缠着丈夫要买一顶昂贵的花帽。此时正值这对夫妻闹经济危机，丈夫自然不肯答应花这笔钱。争吵中，妻子赌气说："人家小方和小刘的爱人多大方，早就给自己的夫人买了这种花帽，哪像你，小气鬼！"丈夫不愿争论，只是故意夸张地说："可是，她俩有你这样漂亮吗？我敢说，她们若有你这样美，根本就不用买帽子打扮了，是吗？"妻子一听丈夫的赞美，不觉转怒为笑，一场争吵也随之平息了。

### 2. 能催人奋进

人得到赞美，其喜悦心情固然无可比拟，但更重要的是赞美所产生的力量总是巨大的。它能够激发人的积极性和创造性，增添人们克服困难的勇气，甚至使人创造出种种奇迹来。

有甲乙两个猎人，各猎得两只野兔。甲的女人看见冷冷地说："只打到了两只吗？"甲猎人心中不悦，"你以为很容易打到吗？"他心里如此埋怨着。第二天他故意空手回家，让她知道打猎是不容易的事情。乙猎人所遇则恰好相反。他的女人看见他带回了两只野兔，就欢天喜地地说："你竟打了两只吗？"乙听了心中喜悦，"两只算得什么！"他高兴得有点骄傲地回答他的女人。第二天，他打回了四只！

从一天打回两只野兔，到一天打回四只野兔，这种效果就体现出赞美的魅力。

### 3. 能给人力量

一位女孩迷上了小提琴，每晚在家拉个不停，家里人不堪这种"锯床腿"般声音的干扰，每每向小女孩求饶。女孩一气之下跑到一处幽静的树林，独自演奏。奏完一曲，突然听到一位老妇的赞许声，老人继而说："我的耳朵聋了，什么也听不见，只是感觉你拉得不错！"于是，女孩每天清晨来这里为老人拉琴。每奏完一曲，老人都连声赞叹："谢谢，拉得真不错！"终于有一天，女孩的家人发现，女孩拉琴的声音早已不是"锯床腿"声了，便惊奇地问她是否有什么名师指点。这时，女孩才知道，树林中那位老妇是著名的器乐教授，而她的耳朵竟然从未聋过！一位优秀的小提琴手就这样诞生了，是赞美给了她力量！

### 4. 能遂己心愿

有一位美国的老妇人向史蒂夫·哈维推销保险。她带来了一份全年的哈维主编的杂志《希尔的黄金定律》，滔滔不绝地向他谈她读杂志的感受，赞誉他"所从事的，是当今世界上任何人都比不上的最美好的工作"。她的迷人的谈话将主编迷惑了75分钟，直到访问的最后5分钟，才巧妙地介绍自己所推销的保险的长处。就这样，老妇人成交了指定购买的保险金额5倍的保险业务。

### 5. 能摆脱纠缠

有一位白领女性，相貌出众，在某家公司负责产品销售策划。一次下班后，公司经理主动邀请她："小姐，晚上陪我吃夜宵好吗？"她不得不按时赴约。见面后，经理喜出望外，情意绵绵。两人边吃边谈，女子竭力向经理劝酒，滔滔不绝地向他介绍公司的发展计划，并不时赞美经理，称他是一位有修养、有气质、讲信用、受人尊敬的现代企业家。经理颇为得意，故作谦虚道："你过奖了。"最后两人共舞一曲而告终。临别时经理握住女子的手，郑重地说："你是个自尊自爱的女子！我心里会永远记得你这完美的女孩形象。"

## ◎ 不要勉强做承诺，学会拒绝赢主动

在你日常的工作和生活中，很可能也会遇到下列的情形：一个素行不良的熟人来找你，非要向你借钱不可，但你知道，如果借给他便是肉包子打狗一去不回头；你的顶头上司在增减人员上向你提出一些建议，但是这些建议又不符合公司现实情况。

　　诸如此类的事你必定要加以拒绝，可是拒绝之后，就要伤和气，引人恶感，被人误会，甚至积怨。

　　要避免这种情形发生，唯一方法便是要运用些聪颖的智慧。请看下面的例子：

　　在德国某电子公司的一次会议上，公司经理拿出一个他设计的商标征求大家意见。

　　经理说："这个商标的主题是旭日。这个旭日很像日本的国徽，日本人民见了一定乐于购买我们的产品。"

　　营业部主任和广告部主任都极力恭维经理的构想，但年轻的销售部主任说："我不同意这个商标。"经理听了感到很吃惊，全部门的人都瞪大眼睛盯住他。

　　年轻的销售部主任没有同经理争论那个带红圈圈的设计是否雅观，而是说："我恐怕它太好了。"

　　经理感到纳闷，脸上却带着笑说："你的话叫我难以理解，解释来听听。"

　　"这个设计与日本国徽很相似，日本人喜欢，然而，我们另一个重要市场中国的人民，也会想到这是日本国徽，他们就不会产生好感，就不会买我们的产品，这不同本公司要扩展对华贸易营业计划相抵触吗？这显然是顾此失彼了。"

　　"天哪！你的话高明极了！"经理叫了起来。

　　向有权威的人士表示反对或拒绝，你一定要有充分的理由，还要注意技巧。年轻主任用一句"我恐怕它太好了"先抚平了经理的不快，使他不失体面。后来他用更充分的理由，提出反对经理的意见，经理也就不会感到下不了台。

　　怎样才能既拒绝别人又不得罪他，不恶化相互关系呢？这里列举六种既恰到好处，又不失礼节的拒绝妙招。

### 1. 幽默诙谐式

著名导演希区柯克在执导一部影片时，有位女明星老是向他提出摄影角度问题，她左一次右一次地告诉希区柯克，一定要从她最好的一侧来拍摄。"很抱歉，我做不到！"希区柯克回答："我们拍不到你最好的一侧，因为你把它放在椅子上了。"他的话，引得在场的人都笑弯了腰。

招式妙诀：通常，幽默的语言可以调节气氛，并且能让对方在笑过之后得到深刻的启示，如果以幽默的方式来拒绝，气氛会马上松弛下来，彼此都感觉不到有压力。

### 2. 热情友好式

一位青年作家想同某大学的一位教授交朋友，以期今后在文艺创作和理论研究方面携手共进。作家热情地说："今晚6点，我想请你在海天餐厅共进晚餐，我们好好聚一聚，你愿意吗？"事情很不凑巧，这位教授正在忙于准备下星期学术报告会的讲稿，实在抽不出时间。于是，他亲热地笑了笑，又带着歉意说："对你的邀请，我感到非常荣幸，可是我正忙于准备讲稿，实在无法脱身，十分抱歉！"他的拒绝是有礼貌而且愉快的，但又是那么干脆。

招式妙诀：如果你想对别人的意见表示不同意，请注意把你对"意见"的态度和对人的态度区分开来，对意见要坚决拒绝，对人则要热情友好。

### 3. 相互矛盾式

春秋时，鲁国相国公仪休喜欢吃鱼，因此全国各地很多人送鱼给他，但他都一一婉言谢绝了。他的学生劝他说："先生，你这么喜欢吃鱼，别人把鱼送上门来，为何不要了呢？"公仪休回答说："正因为我爱吃鱼，才不能随便收下别人所送的鱼。如果我经常收受别人送的鱼，就会背上徇私受贿之罪，说不定哪一天会免去我相国的职务，到那时，我这个喜欢吃鱼的人就不能常常有鱼吃了。现在我廉洁奉公，不接受别人的贿赂，鲁君就不会随随便便免掉我相国的职务，只要不免掉我的职务，就能常常有鱼吃了。"听了先生这番话，学生若有所悟地点了点头。

招式妙诀：当别人向你提出使你感到为难的要求时，你不妨先承认他的要求可以理解，你也希望满足他的要求，但接着说出不容置疑的客观原因，从而拒绝他的要求。

### 4. 相反建议式

有这样一则对话。

小李："小张，王经理让我把这些资料整理好，但我怕做不好，你能帮我完成吗？"

小张："我很愿意帮你的忙，不凑巧得很，我自己的那份工作还没干完。其实以你的能力和素质是完全可以做好那件事的。你不妨先干着，也许我干完后能帮你干点。"

小李："那好吧！谢谢你啊！"

招式妙诀：小张的这一番话说得非常妙，如此既有拒绝，又有相反的建议，建议他先干着，对方还有什么话好说呢？相反，如果小张直接回答："你的事我帮不了。"这是很不好的拒绝方法，很容易伤了同事之间的和气。

### 5. 反弹式

在《帕尔斯警长》这部电视剧中，帕尔斯警长的妻子出于对帕尔斯的前程和人身安全考虑，企图说服帕尔斯中止调查一位大人物虐杀自己妻子的案子。最后她说："帕尔斯，请听我这个做妻子的一次吧。"他却回答说："是的，这话很有道理，尤其是我的妻子这样劝我，我更应该慎重考虑。可是你不要忘记了这个坏蛋亲手杀死了他的妻子！"

招式妙诀：别人以什么样的理由向你提出要求，你就用什么样的理由进行拒绝，让对方无话可说。

### 6. 寻找出路式

例1：甲：您就帮我把这件事办了吧！

乙：这件事我实在没有时间帮你去办了，你不妨去找××试试。

例2：甲：这份资料，我能借用几天吗？

乙：对不起，这份资料我这几天还要用，不过图书馆里还有一份没有借出去，你赶快去还可以借到。

招式妙诀：当对方确有为难之事求助于你，你又无法承担或不想插手时，你可以用为对方另找其他出路的方法，来弱化可能产生的不愉快。对方有了其他"出路"，就会对你的拒绝不在意了。

另外，拒绝别人说"不"的时候，还有以下几个禁忌，需要注意。

### 1. 忌拖延说"不"的时机

有些人觉得不便说"不"，便随便找些不值一驳的理由来暂时搪塞对方，以求得一时的解脱。这个方法并不好，因为对方仍可以找理由跟你纠缠下去，直到你答应为止。比如你不想答应帮他做事，推说：

"今天没有时间。"

他就会说：

"没有关系，你明天再帮我做好了，事情就拜托你了。"

又如你不想要对方转让给你的一件衣服，你推说：

"钱不够。"

那么对方会说：

"钱以后再说。"就把你轻易应付过去了。

再如你不愿意跟对方跳舞，推说：

"我跳得不好。"

那么他一定会说：

"没关系，我慢慢带着你跳。"

### 2. 忌与对方套近乎

给人以"敬而远之"的态度，比较容易把"不"说出来，或者说，对方试图与你套近乎，你要保持头脑清醒，以免做了感情俘虏，给对方可乘之机。一般说来，见一次面就能记住别人名字的人，常容易与人接近，故在交谈中不断称呼别人名字，并冠之以"兄""先生"等词语，这易产生亲近感。那么，反过来你想说"不"时，便应杜绝这种亲密的表示，即对方的名字一概不提，这样加大与对方的心理距离，容易说"不"。还有，谈话时尽量距离对方远些，使其不容易行使拍、拉等触动性的亲密动作。据心理学家研究，"触动"是很容易产生共同感受的，所以想说"不"时应注意避免。另外，最好也不要触摸对方递过来的东西。东西也和人一样，一经"触摸"也会产生"亲密感"，想要拒绝就不容易了。

因为这些都是推托语言，一经反驳，你的"不"的意志便很难贯彻了。所以处理这种情况，你倒不如直截了当地用较单纯的理由明确地告诉对方：

"你托我办的这件事办不到，请原谅。"

"这件衣服的颜色我不喜欢，很抱歉。"

"我已经另约了舞伴，不能跟你跳，对不起。"

这样虽说显得生硬些，但理由单纯明快，不给对方可乘之机，倒可以免除后患。

### 3. 忌优柔寡断

拒绝别人时，要坦诚明朗，不要优柔寡断。当然，这并不是主张在任何情况下，对任何人都直来直去地说出这个"不"字。对于那些自尊心较强、反应敏感、"脸皮薄"的人来说，只婉转地表述拒绝的理由，而不说出拒绝的话会更好一些。因为对方会从你的话音中体察到你拒绝的意图，做出相应的反应来。这种拒而不言绝、委而不言推的方式，可以避免使对方感到下不来台、丢面子，避免破坏交往的好气氛。比如，当朋友在你正要出门时来访，你在表示欢迎的同时可以说一句："你来得真巧，稍晚一会儿定会扑空！"这等于暗示对方，你马上要出门办事。如果对方是知趣的人，便会简短地说明来意后很快告辞，或者另约时间再访。这比由你发出明确的"逐客令"要好得多。需要注意的是，你的暗示必须含义清楚，使对方易于觉察。

## ◎ 礼貌用语客套话，与人交往不可少

有一位服务于某大型电脑公司，担任系统工程师的职员。他在公司已服务六年，技术优秀并很关照晚辈，上级对他也另眼相待。但他却在一次与客户的交涉中，犯了意想不到的大错误。

某客户买这家公司的电脑，因而召集员工听该电脑公司的人讲解。这位系统工程师极认真而详细地解说电脑的操作和内容。在说明会的休息时间里，他前往洗手间，洗手时才发现没有洗手用的香皂。他看见隔壁放着一块，但正好有一位老人在用。这位工程师由于赶时间，未向老人打声招呼就径自伸手将香皂取过来用，然后在隔壁随便抓把卫生纸擦手，就匆匆走出去。

那位老人对这位工程师的所作所为，觉得很生气，认为不招呼就随便用别人位子上的东西，是很不礼貌的行为。而这位老人正是

这家客户公司的董事长。

"这么不懂礼貌的人，是哪家公司的人呢？"

这位董事长询问后，知道就是电脑公司派来做说明的工程师，结果使得原来订下的电脑被退了回去。于是，电脑公司也开始调查原因。电脑公司总经理特地到这家公司谢罪，但还是无法挽回工程师所造成的恶果，工程师也因此而引咎辞职。

这位本来很有前途的优秀工程师，若能在洗手时多说一句："对不起，让我先用一下。"整个情形都将为之改观。由此可见，短短的一句话，也是不容轻忽的。

倘若经常觉得"这种小事不说也无妨，对方一定会知道的"，或认为"芝麻小事，不说也罢"，这就错了。

自己这样想，对方是不是也这么想呢？无论是怎样的芝麻小事，仍要经由嘴里讲出对方才能明白、谅解。

有位商店老板，在接待应聘者小汤时，本来是准备聘请小汤的。在面试临近结尾的时候，老板表示对事情的发展感到满意，并将于今后几天内与小汤会面。然而小汤说："难道现在你不能告诉我，是否能得到这份工作吗？因为过几天我要外出旅游去了。"老板说："噢，你不是告诉我，一得到通知就马上开始工作吗？"小汤说："你最好别指望我能坐下来等你几天的电话。"老板说："好吧，那我只能说，如果我们需要你，就会与你联系的。"然而，这位老板始终没有给小汤打电话。这是小汤缺乏礼貌的必然结果。

有位名叫亚诺·本奈的小说家曾说："日常生活中大部分的摩擦冲突都起因于恼人的声音、语调以及不良的谈吐习惯。"此话说得颇有道理。何故？只要我们细察生活于自己身边的人就会发现，谈吐的缺陷往往可能导致个人事业的不幸或损及所服务机构的荣誉与利益，更可能导致父子不和、夫妻离异乃至人际关系的紧张甚至恶化。一个人的谈吐，往往决定企业是否愿意聘用他，或合作者是否愿意投他一票与之发生商业关系。

平常说话有许多口头"敬语"，我们可以用来表示对人尊重之意。"请问"有如下说法：借问、动问、敢问、请教、指教、见教、讨教、赐教等；"打扰"有如下词汇：劳驾、劳神、费心、烦劳、麻烦、辛苦、难为、费神、偏劳等。如果我们在语言交际中记得使用这些词汇，相互间定可形成亲切友好的气氛，减少许多可以避免的摩擦和口角。

交际谈话中如能用礼貌语言，就会让人感到"良言一句三冬暖"，使人与人之间的感情很快地融洽起来。例如：您好，谢谢，请，对不起，别客气，再见，请多关照，等等。

在我国，同人打招呼常习惯问："你吃饭了吗？""你到哪里去？"见面时称道"早安！""午安！""晚安！""你夫人（先生）好吗？""请代问全家好。"等。语言务必要温和亲切，音量适中。若粗声高嗓，或奶声奶气，别人就难有好感。运用礼貌语，还要注意仪表神态的美，当你向别人询问时，态度尤其要谦恭，挺胸腆肚。若直呼其名，或用鄙称，必遭人冷眼，吃"闭门羹"。

在交往中得体地使用礼貌语言和谦辞，可以给对方留下良好的印象。

你和人相见，互道"你好"，这再容易不过。可别小瞧这声问候，它传递了丰厚的信息，表示尊重、亲切和友情，显示你懂礼貌，有教养，有风度。

美国人说话爱说"请"，说话、写信、打电报都用，如请坐、请讲、请转告。传闻美国人打电报时，宁可多付电报费，也绝不省掉"请"，因此，美国电话总局每年从请字上就可多收入一千万美元。美国人情愿花钱买"请"字，我们与人相处，说个"请字"，既不费力，又不花钱，何乐不为？

英国人说话少不了"对不起"这句话，凡是请人帮助之事，他们总开口说声对不起：对不起，我要下车了；对不起，请给我一杯水；对不起，占用了您的时间。英国警察对违章司机就地处理时，先要说声"对不起，先生，您的车速超过规定了"。两车相撞，大家先彼此说对不起。在这样的气氛下，双方自尊心同时获得满足，争吵自然不会发生。

成功人士说话非常注意用礼貌语言，如：你好、请、谢谢、对不起、打搅了、欢迎光临、请指教、久仰大名、失陪了、请多包涵、望赐教、请发表高见、承蒙关照、拜托您了，等等。

## ◎ 婉转暗示含蓄美，换个说法会更好

我们经常需要向别人表达一些不太好说的意思，比如请求、谈判、批评等。这些话之所以不容易说出口，是因为人类具有自尊心，谁都不愿意遭到拒绝、指责和冷遇。一般人内心深处都有自高自大的想法，都认为自己应该是最好的，一旦现实与心愿不符合，不可一世的自尊就会受到挫伤，从而转变成伤悲、仇恨、鄙视、嫉妒等恶劣的情绪，并且早晚会表现出来。因此，有些话说不好，就会得罪人，为自己招麻烦。

好在语言具有多样化的特点，一样的意思可以用多样的话说出来，而斤斤计较的人听到用不同的说法讲出的同样意思，也会有不同的反应。这种情况使智慧的说话方式大有用武之地，也向我们证明：人类作为高等动物所独有的自尊心，是多么愚蠢的一种心理，

因为智者利用这种幼稚的心理可以把人玩弄于股掌之上。

比如，你要批评一个人所写的文章，如果直言不讳，显然会令他难堪。但是，你可以换个说法，找出他的文章中一些可取之处，先满足他的自尊心，待他兴高采烈，视你为知音的时候，再把批评建议提出来，这样他会心悦诚服地接受你的意见，还会对你很钦佩。你可以这样说："我一看开头就想看下去，我发现你一贯擅长把开头写得引人注目，勾起人的好奇心。要是结尾不是这样写，而是换一种思路，可能就更能与开头相呼应了，你说呢？"

既然没有触及自尊心，那么他当然会冷静虚心地考虑你的意见。

说什么固然重要，但怎么说更为关键，人的情绪常常蒙蔽了人的眼睛，使他看不透语言背后的语言，而只能最浅薄地从对方的用语上来理解。

因此完全可以表面上说他爱听的话，而把真正意图隐藏在这些话里，也就是"话里有话"，让他心甘情愿地跟着你的思路走。

一位顾客进了一家地毯商店，看上了一款地毯。

顾客问道："这种地毯多少钱？"

店老板立即热情地接待了他，回答道："每平方米24元8角。"

顾客听完这句话，什么都没都说就走了。显然，他觉得价格有点高。

店老板的一位朋友在旁观察，他说："你的推销方式太陈旧了，应该换一种方式。"于是他试着以营业员的口吻说："先生，这地毯不贵。让您的卧室铺上地毯，每天1角钱就够了。"

老板大为不解，这位朋友忙解释道："假设卧室地毯需要10平方米的话，要248元；地毯寿命为5年，计1 800多天，每天不就是1角多钱吗？一支香烟钱都不到。"

老板一拍大腿，恍然大悟地说："高！你这一招一定灵。"

果然，换一种表达方式，商店的生意就好多了。

传说在明代，有个地方新开一家理发店，门前贴出一副对联：

磨砺以须，问天下头颅几许？

及锋而试，看老夫手段如何？

这副对联论文句妙则妙矣，但读起来令人害怕——磨刀霍霍，杀气腾腾，令人毛骨悚然。这家理发店因而门庭冷落。

另有一家理发店，贴出了一副对联：

相逢尽是弹冠客，

此去应无搔首人。

"弹冠"取自"弹冠相庆"，含准备做官之意，此处又正合理发人进门脱帽弹冠。"搔首"，愁也。"无搔首"即心情舒畅，这里又指头发理得干净，人感舒适。吉祥之意与理发之艺巧妙结合，语意委婉含蓄。这家理发店自然生意兴隆。

委婉可以发人深省，可以做到柔中有刚，刚柔共济，容易使对方入情入理。

谈判中，有些事情直述其意可能会伤害双方感情，这时，便应该采用婉转的说法。

1972年美国总统尼克松访华，周总理在欢迎宴会上祝酒时说："由于大家都知道的原因，中美两国隔断了二十多年。"这句话就十分婉转，既暗示造成这种状况的原因在于美国，但又没有正面指责美国，因而没有伤害美方的感情。

语言的委婉，还可以体现某种灵活性。尼克松访华签发《上海公报》时，用了这样一个词组："台湾海峡两岸的同胞"。据说这是聪明的基辛格想了一夜，才想出来的，这是国共两党都能接受的词语，由此，公报顺利发表。

　　这是谈判中灵活变通、婉言表达的范例。谈判中，不要去评判对方的行为和动机。这是因为，世界上的情况很复杂，你的评判不一定正确，而判断失误最容易造成对方更大的不满。此外，即使你的评判是对的，但由于直言而失去了回旋的余地，有时反而很被动。

　　试看下面几个例子：

　　父亲走到孩子房间，说："这地方看起来像个猪窝！"

　　太太对丈夫说："你把我的话当耳边风！你不会学学把碟子放进水池之前，先把剩菜倒掉吗？"

　　一位母亲向孩子吼道："你放的音乐太响了，邻居都被吵昏了头！"

　　一位谈判者对对方说："你对这些资料的分析，特别是费用计算的方式全都错了！"

　　上述几例的说话者，都扮演了评判的角色。这种说话方式，因为不顾及对方的自尊心，即使内容正确，也会不知不觉影响说服力。

　　要消除这种问题也不复杂，就是把话中的"你"改成"我"，这样，把对方的评判改为表达个人的情感、反应和需要就委婉多了，对方就容易接受了。

　　就上面几例而言，经改变后可以成为下面的说法：

　　"每次看到这个房间没有收拾干净，我就替你难受。"

　　"如果把碟子的剩菜先倒干净再洗，我可以省一半时间。"

　　"声音太大，我难以习惯。"

　　"我的资料和你有所不同，我是这样计算的……"

　　谈判中，应尽量使用委婉语言。如称对手是"敌方"，就不如说为"对方"；说对方在"耍阴谋"或"耍心眼儿"，就不如说对方"不够明智"。

营业员与顾客谈交易，最好把"胖"（特别是对女顾客）说成"富态"或"丰满"，把"瘦"说成"苗条"或"清秀"。

谈判中，尽量避免说"我要证实你的错误"这样的话。这句话等于说："我比你聪明，我要使你明白。"这种话等于是一种心理的挑战，会引起对方的反感，使人在你还没有开始说话时，就先有一种敌对的心理。

假如你要证实一件事情，使别人明白别人的看法是错的，你就要巧妙地去做，使人心里接受。

谈判中，如果别人说了一句话，你认为有错，即使他真的错了，你也应这样说比较妥当："好了，现在你看我有另一种看法，但我的不见得对，让我们看看事实如何。"

或者说："我也许不对，让我们看看事实如何。"

你自己要确定一个信念，即使自己的看法绝对正确，也要慢点说出自己的意见，尤其要避免用含有肯定意思的字眼。

例如将"当然的""无疑的"改为："我想……""我认为……""可能如此……""目前也许……"等。

关于含蓄的表达，大致有如下六种方法：

第一，仔细研究事物之间的内在联系，利用同义词语来表达自己的思想，达到含蓄效果。

第二，由外延边界不清或在内涵上极其笼统概括的语言来表运自己的思想，达到含蓄效果。

第三，有许多修辞方式，如比喻、借代、双关、暗示等可以达到含蓄的效果。

第四，有些事情，不必直接点明，只需指出一个较大的范围或方向，让听者根据提示去深入思考，寻求答案，可达到含蓄的效果。

第五，通过侧面回答一些对方的问题，可以达到含蓄的效果。

第六，使用含蓄的方法要注意，含蓄不等于晦涩难懂。它的表现技巧首先是建立在让人听懂的基础上，同时要注意使用范围。如果说话晦涩难懂，便无含蓄可言；如果使用含蓄的话不分场合，便会引起不良后果。

# CHAPTER 5

## 内方外圆不逞强，给人留下好印象

把未出口的"不"改成："这需要时间""我尽力""我不确定""当我决定后，会给你打电话"……

——佚名

## ◎　首因定律，第一印象很重要

人生是由无数个"第一次"组成的。在生活和工作中，由于各种各样的机会和需要，我们必须和陌生人说话。有些人十分善于与他人交谈，即使对方是初次见面或不善言辞的人，他们也能和其聊得十分愉快，这是因为他们对于身边的事物和谈话对象能够仔细观察，由此决定自己的说话策略。

人与人的交往是很奇妙的。从未曾见过面的人一见面有可能一见钟情，又有可能彼此都很反感。

对方喜欢你，可能是因为你留给他的第一印象很好；对方讨厌你，可能是你留给他的第一印象太糟。

这就是所谓的首因效应。首因效应，也叫作"第一印象效应"，是指最初接触到的信息所形成的印象对我们以后的行为活动和评价的影响。

我们都知道：

悬疑小说家喜欢在小说的开头，设置诸多的悬念，安排离奇的情节。

电影导演喜欢在影片开头时运用特技，呈现人间罕见的奇观。

推销员喜欢把名片弄得花里胡哨，甚至印上本人的彩色相片。

仔细想想，他们都是吸引他人注意力的专家。他们这样做，就是为了利用首因效应，通过制造一个良好的第一印象，在第一时间打动顾客的心，让顾客心甘情愿地买单。

小说一开头就很吸引人，读者会认为，这个故事很精彩，值得买回家阅读。

影片一开头就运用特技，观众会想，大制作果真不同凡响，值得掏钱进电影院观看。

推销员一见面就拿出有特色的名片，顾客会想，这个推销员与众不同，不妨与其聊聊。

如果一部小说或影片，内容原本很好，却以平淡无奇的方式开头；如果一名推销员，一开头就给人以老套的感觉，结果会怎样？不用说，结果通常会比较糟糕：小说卖不掉；影片不吸引人，开演不久就走掉了一批观众；推销员还没来得及介绍产品，就已经被人拒之门外。

在现实生活中，自觉地利用首因效应可以帮助我们顺利地进行人际交往。

一生中，我们会遇到很多重要的第一次，也就会有很多需要重视的第一印象。比如，求职，第一次去见面试官；求人办事，第一次登门拜访；参加工作，第一次见单位同事；找对象，第一次与对方约会，这些第一次都很重要。从小的方面来看，关系到求职能否成功、事情能否办成；从大的方面来看，关系到事业能否如愿，婚姻能否美满。

因此，在现实交往中，应该力争给对方留下好的第一印象。

如何才能给对方留下良好的第一印象呢？

第一印象主要是一个人的性别、年龄、衣着、姿势、面部表情等"外部特征"。一般情况下，一个人的体态、姿势、谈吐、衣着打扮等都在一定程度上反映出这个人的内在素养和其他个性特征。

为此，与人初次见面，应对自己的一举一动、一颦一笑多加注意。

初次相见时给人留下的第一印象是非常重要的。那么在与人交往的过程中应该注意哪些问题呢?

(1)表现自己的诚实。在生活中,每个人都希望在交友时遇到的人是诚实可信的。但是,由于世界上存在着虚伪和狡诈,使不少人产生了"防人之心不可无"的戒备心理。这样,往往有的人满怀斗志与真诚,却不能被他人理解和认同。

要表现自己的诚实并不是制造一些假象欺骗他人,而是使用一些方法和技巧使自己本身固有的诚实之心更容易得到他人的承认和理解。在与陌生人的交往中,敢于承认自己的无知和缺点,往往能给对方留下很深的印象,增加对方的信任。

(2)注意自己的形象。应注意自己的外貌和举止。外貌包括衣着、发型等。一个成功的社交者,其衣着应符合自己的身份,并要根据自己的年龄、身份决定服装的样式与色彩,做到贴身、整洁、美观、大方。发型则要考虑自己的脸型、职业及时令,以自然端庄取胜。在交际中,优雅的举止是社交的润滑剂,能起到推进交际进行的作用。举止不当,是缺乏修养没有风度的流露,会损害自身的形象,引起对方的不快,不利于社交的进行。

言语也是很重要的,我们要讲好第一句话。

初次见面的第一句话,是留给对方的第一印象。说好说坏,关系重大。第一句话的原则是亲热、贴心,消除陌生感。常见的有以下几种方式:

(1)攀认式。利用相互之间的一些联系,增加亲近感。任何两个人,只要留意就能发现双方有着这样那样的联系。

(2)敬慕式。对初次见面者表示敬重、仰慕,这是热情有礼的表现。用这种方式必须注意:要掌握分寸,恰到好处,不能胡吹乱捧，不说久闻大名、如雷贯耳之类的过头话。表示敬慕的内容也应该因时因地而异。

（3）问候式。"您好"是向对方问候致意的常用语。如能因为对象、时间的不同而使用不同的问候语，效果则更好。对于德高望重的长者，应该说"您老好"。对于年龄跟自己相仿者，称"老×(姓)，您好"，显得亲切。

良好的第一印象，会让你的生活充满欢乐，让你做事充满信心。我们要塑造好的第一印象，就要从我们的衣着打扮、言谈举止上面下功夫。

## ◎ 结尾效应，最后一瞬很关键

谁都知道，一件事情，总是可以分为不同的阶段：初段——发生，中段——发展，最后——结尾。通常我们对最初阶段和最后阶段的印象最深。但是人们往往虎头蛇尾，只重视"首因效应"，忽视"结尾效应"。在学习人际交往的过程中，"结尾效应"与"首因效应"同样重要。

日本有一位很知名的政客，他有一个习惯，如果接受了某团体的请愿，便不会送客；但如果不接受，就会客客气气地把客人送到门口，而且一一握手道别。

他这样做的目的是什么呢？是为了让那些没有达到目的的人不埋怨他。结果也如他所愿，那些请愿未得到接受的人，不但没有埋怨，反而会因受到他的礼遇而满怀感激地离去。

从心理学角度来讲，他的做法很有道理，他运用的是"结尾效应"。

因为这个效果，一连串的事件的不同阶段，被接受的印象很有差异，最初和最后印象深刻，这就是所谓"首因效应"与"结尾效应"。

绝大多数人都知道首因效应。知道与人初次见面时，第一印象很重要。因此，如果是找工作去面试，我们会理发、整装、化妆，以求给人留下良好的第一印象；如果是第一次与某人见面，我们通常会面带微笑，彬彬有礼，让彼此的关系有一个好的开始。

"结尾效应"是指交往中最后一次见面或最后一瞬给人留下的印象，这个印象在对方的脑海中也会存留很长时间，不但鲜明，且能左右整体印象。

如果你在与人初会的过程中，犯下了某种错误，或是表现平平的话，可以在分手之前，做一个良好的表现，可以改变对方对你原来的印象。只要你的表现得体，不管原先的表现如何，都可以获得补救，甚至留下永生难忘的印象。

日本政客所擅长的，便是这种高明的心理操纵术。他送客，就是要让客人忘掉原来的失望，转而觉得荣幸。

然而，由于人们对"结尾效应"缺乏认识，或者不够重视，导致事情虎头蛇尾、功亏一篑的事例不胜枚举。

某公司的一位业务主管，负责某类产品的配件加工业务。一次，他代表公司前往某大公司洽谈一笔大的外包业务。对公司而言，该业务很重要。因为大企业的外包业务量大且稳定，也就是说，如果能拿下这笔业务，公司可以获得一笔很大很稳定的收入。

为此，这位主管投入了大量的时间与精力用于前期准备。

也许是准备工作做得很周到，双方刚刚接触，对方就表示了明显的好感。有了好的开头，洽谈工作进展也很顺利，最后一天，还留有一些细节问题需要进一步协商。结果，仅用了半天时间，便协商好了。

对方要求再给几天时间，以向上级汇报，再做最后决定。主管认为，可能是大企业惯例比较严密，就没有多想。

但是，两三天过去了，一周过去了，对方还没有动静。主管实在忍不住，打电话询问对方的一名代表，对方代表告诉他，事情可能有变故。他请求对方解释一下原因，对方拒绝了。可他不甘心，第三次打电话过去，这时，对方告诉他，问题出在最后那天他穿的那件西装上。

原来，他那天穿的西服的袖口，少了一颗纽扣。要知道，对方外包的可不是别的，而是精密仪器的零配件！

也许，最后一天洽谈，他太过兴奋而忘了仔细检查自己的衣着；也许是潜意识里，他认为大局已定，不需要再小心翼翼。

总之，最后一天，一个小小的疏忽让他失去了一大笔订单，也许还有更多。

这似乎应验了人们常说的那句话："好头不如好尾"。与人打交道，我们不仅要在最初表现很好，最后阶段也要表现好，分手时更要特别注意，做到有始有终。

此外，如果给对方的第一印象不够好，或者在双方的交往中曾遇到了不快，更应该巧妙地运用"结尾效应"，在最后时刻，挽回局面，达成谅解，给对方留下好印象。

## ◎ 刻意模仿，加深彼此的好感

如果两人志趣相投、相互欣赏产生了"同步行为"，反过来，

"同步行为"又促进了彼此的内心交流，加深了彼此的好感与欣赏
程度。

我们仔细观察一下坐在茶馆或者咖啡厅的恋人，会有什么样的
感觉呢？

他们是不是时不时地做着同一种表情或同一个动作，就像是镜
外的人和镜里的影一样？一方用手摸摸头发，另一方也用手摸摸头
发；一方跷起二郎腿，另一方也跟着跷腿；一方捂着嘴笑起来，另
一方也跟着捂着嘴笑；一方举起了杯子，另一方也随之举杯……

是不是感觉很温馨、很浪漫，感觉这两个人关系亲密、相互爱
慕、心心相通？相信很多人都会有这种感觉。为什么呢？因为他俩
的步调是如此的一致。

人与人之间这种表情或动作的一致被称之为"同步行为"。
"同步行为"不仅存在于恋人之间，在我们日常的工作生活中也普
遍存在。比如亲人之间、朋友之间、同事之间、上下级之间、甚至
是彼此感觉不错的陌生人之间。

一对感情笃厚的姐妹，同时看到一件漂亮的衣服，会同时流露
出喜爱之情。

一对志趣相投的兄弟，一起观看篮球比赛，眼看球就进了却又
出了篮，两人异口同声地说："再用点力就好了"。

一对心有灵犀的夫妻，刚参加完朋友的婚礼，两人回到家，都
带着笑容，同时谈论婚礼的盛大。

这些都是"同步行为"。是什么诱发了人们的"同步行为"？

肢体动作是"内心交流"的一种方式。两人彼此把对方作为所
效仿的对象，应该是相互欣赏或有相同的心理状态，即双方的相互
欣赏或看法一致诱发了他们的同步行为。

换句话说，"同步行为"意味着双方思维方式和态度的相似或

相通。

一般而言，同步行为的一致性与双方关系的和谐度成正比。在双方的会面中，如果两个人关系和谐、相互欣赏，那么他们的同一行为会很多、很细微。反之，同一行为则很少。

想想会议中人们的表情，对某种意见持赞成态度的人和持反对态度的人，是不是往往各自做出相反的动作？赞成的那部分人面带微笑，不断地点头示意；反对的那部分人紧锁着额头，紧闭着嘴唇……

再想想生活中常会遇到的情景：去商场购物或去某展览会参观，你看上了其中一件物品，另一个人也看上了这件物品，你们一同走近这件物品，一边看一边发出啧啧的赞叹声，"真漂亮"，就几秒钟，你俩便互生好感，颇有点英雄所见略同的感觉。这种感觉就是从你们的"同步行为"来的。

回头想想你们的同步行为有哪些？眼球同时被这件物品吸引，走向这件物品，带着惊喜的眼神打量，嘴里发出一致的赞叹声……如果两人再对这件物品的质地、做工与价格看法一致，你肯定就有了路逢知己的感觉！

在日常生活中，通过人为地制造"同步行为"，可以赢得对方的好感，让双方的交谈在不经意间变得和谐愉快。

作为下属，很多人都会感觉到：自己欣赏的领导也欣赏自己，自己不喜欢的领导也不喜欢自己。其实，这其中，"同步行为"就在发挥作用。你向领导传递了欣赏，领导感觉到了，对你有了好感，也试着以欣赏的眼光看你。

由此推理，如果想得到领导的认可与欣赏，你首先应该认可、欣赏领导。你可以这样做：与领导在一起时，当领导无意中做出某个动作时，你也跟着做某个动作；领导做出某种表情，你也以同样的表情回应。你会发现，领导对你的态度会有某些改变。

作为领导，有时故意与下属同步也很有必要。比如，某下属在你面前很紧张，你不妨摆出与其一致的姿势，拉近彼此的心理距离，缓解下属的紧张情绪。

对于有利益往来的双方，"同步行动"的魅力也丝毫不减。

在求人办事的过程中，如果你的请求或劝说得不到回应，不妨故意制造一些"同步行为"，快速攻破对方的心理防线。

比如，对方翻阅文件，你也翻阅文件；对方脱下外套，你也脱下外套；对方把视线投向窗外，你也掉头欣赏窗外景色。如此反复几次，自然会引发对方的好感，缓和矛盾，使对方乐于接受你的意见，满足你的请求。

不过，在效仿对方的举止时，要注意不露痕迹，否则，会让人误认为你是在故意取笑他或讨好他，达不到预期效果。


## ◎ 多次见面，熟悉会导致喜爱

熟悉可以导致喜爱。人们总是习惯于选择自己熟悉的人与物，想要引起他人的好感与关注，就要用多看原则，让对方熟悉。

很多人都会同意，喜新厌旧是人的天性。事实果真如此吗？那为何商家们都愿意花费巨资为自己的商品投放广告？如果人真的是喜新厌旧的话，商家们肯定是不愿意反复为自己的商品做广告。

相反，人们在决定购买某一商品时，会受到一种潜意识的影响。某种商品信息刺激的次数越多、越强烈，人们潜意识中该商品的烙印也就越深刻，对商品的购买和消费就成为一种无意识行为。事实上，人们总是习惯于消费自己熟悉的商品。

因此，对商家来说，反复地宣传，在顾客心中造成强烈的印象，是至关重要的。美国著名的可口可乐公司，正是利用了顾客的这一消费心理，以铺天盖地的广告大战，奠定了可口可乐独占世界饮料业鳌头的至尊地位。

可口可乐公司极为重视广告，对一切报刊、电视广播、宣传材料等能用来做广告的媒体，无不尽量使用。

今天，从南极到北极，从最发达的国家到最不发达的国家，可口可乐无处不在；从家庭妇女到商界强人，从白发老人至3岁孩童，可口可乐无人不晓。

可口可乐的案例很好地说明了熟悉的就是好的，熟悉可以导致喜爱。与此相似的是心理学上的"多看原则"。说的是在其他条件相等时，人们倾向于喜欢熟悉的人与事。研究也表明，随机被安排在同一宿舍或邻近座位上的人更容易成为朋友。在同一栋楼内，居住得最近的人最容易建立友谊。邻近性与交往频率有关，邻近的人常常见面，容易产生吸引。

有一个实验：向被试者出示一些照片，有的出现了二十多次，有的出现了十多次，有的只出现一两次，然后请被试者评价对照片的喜爱程度。结果发现：被试者更喜欢那些看过二十几次的照片，即看的次数增加了喜欢的程度。这种对越熟悉的东西就越喜欢的现象，称为"多看效应"。

在人际交往中，如果你细心观察就会发现，那些人缘很好的人，往往将"多看效应"发挥得淋漓尽致。他们善于制造双方接触的机会，以提高彼此间的熟悉度，然后互相产生更强的吸引力。

也许你会有疑惑，人与人的交往难道真的这么简单？

试想，如果你有两位关系一样近的亲戚，一位与你住在同一座城市，你们经常见面，每次聚半天；另一位在另一座城市居住，你们每年聚一次，每次待在一起一个星期左右。几年过去了，你更喜欢谁，与谁更亲密？

　　见面次数多，即使时间不长，也能增加彼此的熟悉感、好感、亲密感。相反，见面次数少，哪怕时间长，也难以消除因间隔的时间太长而产生的生疏感，甚至可能因为相处的时间太长而产生摩擦。

　　显然，在很多时候，见面时间长，不如见面次数多。

　　你想赢得领导的注意与重视，向领导汇报工作，一次汇报很多，不如经常汇报。

　　如果你想与某人建立良好的关系，这方法也适用。要知道，为了给对方留下印象，你一个人滔滔不绝地说话，效果反而不好。你不妨找机会多与对方见面，每次时间别太长。这样，给对方一个念想，让他回味你的为人，期待下次的见面。

　　如果你去请求并不熟悉的人办事，道理也是一样。千万别一次把礼送完。想想看，把10万元分成10次，每次一万元送出去，是不是比一次送10万元效果好很多？把礼物分成多份，这样可以加深对方的印象。

## ◎　暴露缺点，小错让人信任你

　　人总是把自己最光鲜的一面展示给他人，即使自己知道自己的缺点，也会尽量掩饰。但是我们同时也知道，人无完人，人人都有缺点。我们何不把真实的自己给他人看呢？其实敢于承认自己的无知和缺点，往往能给对方留下更好的印象，增加他人对自己的信任度。

一般人都有不愿让别人看出自己不足的心理，因此"不懂"二字很难说出。其实，如果你勇敢地承认自己不知道，反而可以增加别人对你的信任，因为坦诚地说出"不懂"，会给人留下诚实的印象。再则其勇气也是令人佩服的。如果敢于承认自己有不懂的地方，别人就会认为你很诚实，因此对你也就会更信任。

当然，暴露自己的缺点，最好适当透露一些无关紧要的缺点，这样不至于让别人对你宣判"死刑"。

某家具公司一个非常能干的员工，平时工作一丝不苟，为公司赢得了很多的客户，获得了巨大的利润。然而，他并不是一个受人喜欢的人，同事们都称他为"机器"，他不以为然。直到有一天，他听到老板与人聊天时也说他是"机器"，他困惑了。他不理解，为什么别人都那样对待他。于是，苦闷的他独自到酒吧喝得酩酊大醉。第二天，当他睡醒时，却发现自己一直睡在公司橱窗里的沙发上，路过的人们都在用异样的目光打量他。他以为老板会因此而责怪他，同事会笑话他，他甚至做好了辞职的准备。然而，老板不但没有责备他，反而对他大加赞赏，同事们也从此开始对他笑脸相迎。他不知道，他的无心之过反倒帮助了他，使他在人们心目中的形象丰满起来，变成了有血有肉的人，而不再是"机器"。

这种现象在心理学上被称为"犯错误效应"，也叫"白璧微瑕"效应，即小小的错误反而会使有才能者的人际吸引力提高。

因为一个能力非凡的人给人的感觉是不安全的、不真实的，人们对于这样的形象不是真正地接纳和喜欢，而是持有距离地敬而远之或敬而仰之。中国杂技团在国外演出也曾经出过错，然而，当地的观众并没有因为演员的一时失误而冷嘲热讽，前去观看演出的人仍然络绎不绝。因为人们通过杂技演员的失误了解到，他们那些惊险的动作是真的。真实，给人最深刻的印象。

前美国总统肯尼迪试图在猪湾侵入古巴，虽然这一计划惨遭失败，但是他的声望却大大提高了。肯尼迪在公众的眼中是一个过于完美，无可挑剔的人，让人感到他不是凡人，无法和他相提并论；但是当他也像常人一样犯些低级错误，反而让人们对他产生亲近体谅的感觉，"犯错误"让他更加有亲近感了。

在通常情况下，人们喜欢有才能的人，才能的多少与被喜欢程度是成正比例关系的。但是，如果一个人的能力过强，过于突出自己，强到足以使对方感到了自己的卑微、无能和价值受损，事情就会向相反的方向发展。人首先是进行自我价值保护的，任何一个人，无论如何不可能去选择一个总是提醒自己无能和低劣的对象来喜欢。相反，一个犯小错误的能力出众者则降低了这种压力；缩小了双方的心理距离，维护了他人的自尊，因而也赢得了更多人的喜爱。

"犯错误效应"提示我们，如果是一个强者，请不要过于"包装"自己，追求"锦上添花"；恰当地"示弱"，适度地暴露一点"瑕疵"，反而会赢得更多人的亲近和喜欢。

## ◎ 雪中送炭，将收获成倍人情

锦上添花不如雪中送炭，揣摩他人现在的急需，并竭尽所能地予以满足，他将对你感激不尽，发誓要回报你，这会让你获得忠诚和情义。你种下人情，将收获成倍的人情。

机遇是什么？恐怕没有人能说清楚，但机遇会以各种形式、在各种时候大驾光临，比如，你给别人的一次不经意的帮助。

柏年在美国的律师事务所刚开业时，连一台复印机都买不起。移民潮一浪接一浪涌进美国的丰田沃土时，他接了许多移民的案子，常常深更半夜被唤到移民局的拘留所领人，还不时地在黑白两道间周旋。他开一辆掉了漆的福特车，在小镇间奔波，兢兢业业地做律师。终于媳妇熬成了婆，电话线换成了四条，扩大了办公室，又雇用了专职秘书。办案人员气派地开起了"奔驰"，处处受到礼遇。

然而，天有不测风云，一念之差，他的资产投资股票几乎亏尽，更不巧的是，岁末年初，移民法又被再次修改，职业移民名额削减，顿时门庭冷落。他想不到从辉煌到倒闭几乎是在一夜之间。

这时，他收到了一封信，是一家公司总裁写的：愿意将公司30%的股权转让给他，并聘他为公司和其他两家分公司的终身法人代理。他不敢相信自己的眼睛。

他找上门去，总裁是个只有40岁开外的犹太裔中年人。"还记得我吗？"总裁问。他摇摇头，总裁微微一笑，从硕大的办公桌的抽屉里拿出一张皱巴巴的5美元汇票，上面夹的名片印着柏年律师的地址、电话，他实在想不起还有这一桩事情，"10年前，在移民局……"总裁开口了，"我在排队办工卡，排到我时，移民局已经快关门了。当时，我不知道工卡的申请费用涨了5美元，移民局不收个人支票，我又没有多余的现金，如果我那天拿不到工卡，雇主就会另雇他人了。这时，是你从身后递了5美元上来，我要你留下地址，好把钱还给你，你就给了我这张名片。"

他也渐渐回忆起来了，但是仍将信将疑地问："后来呢？""后来我就在这家公司工作，很快我就发明了两个专利。我到公司上班后的第一天就想把这张汇票寄出，但是一直没有。我单枪匹马来到美国闯天下，经历了许多冷遇和磨难。这5美元改变了我对人生的态度，所以，我不能随随便便就寄出这张汇票……"

世间自有公道，付出总有回报。尽管你在帮助别人时并没有预料到有一天会得到回报，但正是这种没有任何附加条件的付出会得到意想不到的收获。

在我们的人生道路上，一定会遇到很多困难，可是我们往往忽略了，为别人搬开脚下的石头，有时恰恰是为自己铺路。很多时候我们的举手之劳对他人却是很大的帮助。

濒临饿死时送一个萝卜和富贵时送一座金山，就内心感受来说，完全不一样。前者是急需之物，能够解决生死大事，无疑更让人感之于心。

"在饱足人的眼中，烧鹅好比青草；在饥饿人的眼中，萝卜便是佳肴。"

"人们在沙漠中口渴难耐时所期望的，并非让人扔给你一袋钞票或珠宝，而是一瓢能解渴的凉水。人们在身无分文时所期望的，并非腰缠万贯，而是有米之炊。"

当他人非常困难之时，如果能够慷慨地予以帮助，定能让他感动不已，让他的心灵猛烈震动。他会暗下发誓，有朝一日，定当涌泉相报。此时，你已收获的是他的心，他的忠诚和情意。来日，或许就有更丰厚的回报。

俗话说："不惜钱者有人爱，不惜力者有人敬。"让他人受益，能让他喜欢你，但是，满足他人当下的急迫需求却能给人留下更深的印象，能让你获得忠诚和情义。

世界上任何重要的事情，都是人的事情，只要把人打理好了，则无事不可成。你种下人情，将收获成倍的人情。而满足他人的急需显然是一颗人情的良种，必将使你收获人情的硕果。

## ◎ 冷庙烧香，未雨绸缪早准备

人们不可能一帆风顺，挫折、背运是难免的。人们落难正是对周围的人，特别是对朋友的考验。远离而去的人可能从此成为路人，同情、帮助他渡过难关的人，他可能铭记一辈子。所谓莫逆之交、患难朋友，往往就是在困难时期产生的，这时形成的友谊是最有价值、最令人珍视的。

有的人虽然时运不佳，如果你认为对方是个英雄，就该及时结交，多多交往，施予物质上的救济。寸金之遇，一饭之恩，可以使他终生铭记。日后如有所需，他必奋身图报。即使你无所需，他一朝否极泰来，也绝不会忘了你这个知己。与那些暂时不得势的人交往，并成为好朋友，就像买股票一样，买了最有价值的原始股。所以从现在起，多注意一下你周围的朋友，若有值得上香的冷庙，千万别错过了才好。

有一个刚进一家合资医药企业的小伙子，一次拜访一家三甲医院的临床主任，科里一个认识的医生在走廊里拦住他说："你不要拜访他了，他下台了，已经不是主任了。"这位医生悄悄告诉他说："这位主任被免职了。现在已经换主任了！"他站在原地犹豫了一下，还是带着准备好的礼品先敲响了前任主任的门。那位前主任正在办公室闭门思过。这位小伙子的到来很让他惊讶。他爱理不理的，直接说以后别找他了，他不是主任了，有事可以去找新主任。这位小伙子把礼品拿出来说："新主任我以后会去拜访，不过这并不妨碍我拜访您啊，您是我们公司的老朋友了，我就是来拜访公司的老朋友的呀。"

这位主任很意外，语气也客气了些，给这位小伙子写了新主任的名字和办公室门牌号，说以后合作上的事找他去吧。小伙子只好知趣地告辞，说："那您先忙吧，我下次再来拜访您。"主任说："还忙啥呀？主任也不当了，没什么可忙的了！"这位小伙子还真有点初生牛犊不怕虎的劲头，听见这位主任的这句话，转回身说："您怎么有这样的想法呢？"这位主任显然牢骚满腹，一时还不适应角色调整，站在办公桌后茫然四顾说："不当主任了有什么可忙的？"这位小伙子一时兴起，就脱口而出说道："不当主任了您还有自己的专业啊，您照样是杰出专家啊。不当主任，关起门来钻研学问也好啊。要是都像您这么想，那我们这些大学毕业了却不能从事本专业的人，岂不是都不要活啦？"主任愣了一下，可能还没人敢这样对他说话，尤其是一个小小的业务员，竟然敢用这种语气和自己说活。

这位小伙子也觉得自己不礼貌，赶紧拣好听的说："像您这样的性格一定喜欢李白的诗吧？其中有两句是'天生我材必有用，千金散尽还复来。'写得多好！您忘了吗？"这位小伙子凭着自己刚毕业时的意气风发，对这位前主任好好劝导了一下，话虽然说得有点刺耳，但是对于这位原主任来说已经足够了。谁也没有想到，那位主任竟然在卸任三个月之后，又恢复职位了！这位小伙子的业绩可想而知了。后来，这位小伙子因为工作成绩突出调走了，这位主任还念念不忘，多次到他的公司询问他的下落。

很多人却不懂得这个道理，或者懂得这个道理却嫌"长期投资"见效太慢，于是仍旧有事了才想起去求别人。却不知，事到临头再来"抱佛脚"往往来不及，哪怕你又是送礼、又是送钱，效果也不见得好。

还有一种人就是对"冷庙"认识不够，总认为"冷庙"的"菩萨"不灵，所以才成为"冷庙"。其实英雄落难，壮士潦倒，是常见的事。只要有机会，一个穷途末路的人仍可能一飞冲天的。

一位老板因为被朋友牵连进了监狱，他昔日的一些朋友和部下都离他而去。他的心情很苦闷，感到世态炎凉，一度丧失了生活的信心。

这时，只有一个部下，不怕受连累，主动去见他，安慰他、开导他，同他一起分析局势。

在部下的鼓励下，这位老板终于意识到自己的前途并非那么黯淡，于是，他开始积极地想办法。

后来，由于朋友主动承担了一切责任，他很快出狱了。时隔不久，这位老板便东山再起，因为感激这名部下，他把自己的一个分公司交给部下打理，没过几年，这位部下就跻身富翁阶层。

可能有的人会说，我也想烧"冷庙"，但我不知到哪儿找"冷庙"。其实，"冷庙"就在你的身边。可能是默默无闻但很有前途的未来之星，可能是一时落难的枭雄，也可能是曾经辉煌却已退居二线甚或退休在家的老领导。

"烧冷庙"也并非我们想象的那么复杂。最轻松的办法是平常多与其他部门和岗位的人交往，尤其是人事、财务等部门。交往可以随意一些，有事说事，没事混个脸熟，遇到个机会便烧上一把高香。比如谈谈心，拉近彼此的距离；借机恭维对方，赢得对方的好感；遇到有困难的，主动伸出援手。这样的香，基本上是没有什么成本的，更应勤烧不倦。

请相信，只要你未雨绸缪，早做准备，总有一天，你烧的冷庙会热起来，你的机会会多起来。


## ◎ 造就负债，欲有所得当先予

负债心理是说我们在得到对方的恩惠后，就会产生一定要报答对方的心理。我们送出什么就会收回什么，给予什么就会得到什么。帮助的越多，得到的也就越多。欲有所得，当先给予。

　　从前，有一个骑士打猎的时候，发现了一头受了伤的狮子，这个骑士动了恻隐之心，把狮子受伤的脚上的刺拔了下来，并且给它涂上了随身携带的药，止住了流血。过了一些时候，国王也来到了这个森林打猎，发现了这头狮子，把它捉住后就圈养了起来。过了很多年后，一次骑士因为自己不小心，冒犯了国王，被国王判决受狮吞噬之刑。骑士被抛进狮笼，恐惧地等待被吞噬的时刻的到来。狮子走到骑士的面前，仔细打量，记起了是给它疗过伤的朋友。这时，骑士看到狮子脚上的伤痕，也记起这是自己曾经帮助过的狮子。狮子没有吃他，而是亲昵地偎在骑士的身旁。过了几天，国王来看，骑士并没有被凶狠的狮子吃掉，他惊奇不已，忙叫人把骑士放出来，问明情况。

　　国王问："为什么你没有被狮子吃掉？以前我放进狮笼里的囚犯，都是被狮子吃掉，没有剩下任何东西。"

　　于是骑士便向国王说起自己医治了狮子的经历，国王听后觉得骑士并不是一个凶恶之人，也免去了对骑士的惩罚。故事中连凶残的狮子也懂得报恩的道理，人的本性就更是如此了。人总是怀有感恩之心，得到别人的好处，也会想办法还情。

　　当从别人那里得到好处，我们总觉得应该回报对方。如果一个人帮了我们一次忙，我们也会帮他一次，或者给他送礼品，或者请他吃饭。如果别人记住了我们的生日，并送我们礼品，我们也会对他这么做。

　　一旦受惠于人，就会总感觉亏欠了别人什么似的，如芒在背，浑身不自在，必须回报，才能让自己的心理重压获得解放，让自己的心灵获得自由，心安理得地生活。

我们可以有效地利用人的这种受了恩惠要回报的心理倾向，先主动给予对方一些好处，非常自然的好处，对方就会回报给你多得多的好处和方便。

在生活中，我们经常会见到这种现象：想找别人帮忙，就会先热情地带上一些礼品什么的送到他家里去，或者先请他吃饭，往往后面的事情就顺理成章，比较好办了。

"给予就会被给予，剥夺就会被剥夺。信任就会被信任，怀疑就会被怀疑。爱就会被爱，恨就会被恨。"人是三分理智、七分感情的动物。我们送出什么就会收回什么，给予什么就会得到什么。帮助的越多，得到的也就越多，假如自己越吝啬，也就越会一无所有。

欲有所得，当先给予。在交际中，我们主动为他人提供某些信息，为他人介绍朋友，给他人提供一定的方便，他人通常也会回报给我们类似的或者多得多的信息、朋友和方便。

我们在生活中大可以牢记这一规则。如果你有求于人，不妨先给对方好处，让对方先占你的便宜，欠下你的人情，然后你再提出请求，这样即使事情有些让他为难，他也会因为要还你的情，而不好拒绝，那样你的目的就会达到。我们要给他人好处，让他人欠下我们的人情，我就要在适当的时间，适当的地点，用适当的方式进行。

# CHAPTER 6

## 打拼业绩靠团队，职场无非说和做

　　　　顺着毛摸，他就会听你的——脾气再大、城府再深、个性再
强的人也吃不消这招。


　　　　　　　　　　　　　　　　　　　　　　　　　　——佚名

## ◎　热情的力量，可融化人际间的障碍

1946年，美国心理学家所罗门·阿希做了一个心理学史上著名的实验，被称为"热情的中心性品质"实验。他列出有关人格的七项品质，包括聪明、熟练、勤奋、热情、实干和谨慎，给一组被试者。同时，他给另一组被试者几乎同样的七项品质，不同的仅仅是把"热情"换成了"冷漠"。要求两组被试者对表中的人做一次详细的人格评定，阿希教授让被试者说明，表中的人可能或他们希望这两组具有几乎相同品质的人具有什么样的其他品质。

答案出来了，仅仅一个"热情"与"冷漠"的区别。具有"热情"品质的人，受到了被试者的衷心喜爱，人们慷慨地用各种优秀的品质描述他。而那个"冷漠"代替了"热情"品质的人，遭到了人们的敌意和仇恨，被试者把各种恶劣的品质统统都罗列在他的"冷漠"品质之下。

这项实验证明，在人类的品质描述中，热情和冷漠成为人类品质的中心，它决定了一些其他相连的品质的有与无，它包含了更多有关个人的内容。因而，"热情–冷漠"被称为是中心性品质。

一个人是否热情，决定了他是否被喜欢、被亲近、被接受，热情的品质影响着一个人生活的每一个方面。"热情"成为一个优秀形象所具备的基本品质，一个人表现的是热情还是冷酷，决定了他在社交场上被人喜爱还是排斥。一个人最让人无法抗拒的魅力就在

于他的热情，我们仔细地回想一下我们身边热情的人，就不难理解为什么热情在社交和工作中有着强烈的感染力和吸引人的力量。

一旦我们被热情所吸引，我们就会认为热情的人真诚、积极、乐观。热情感染着我们的情绪，带给我们美妙的心境，让我们感到愉快和兴奋。热情能带来幸运，因为人们都喜爱热情的人，对他们也宽容，容易满足他们的要求。正因为热情的感染力和蛊惑力，政治家们不惜一切代价，用充满了激情的语言、精力旺盛的姿态、热情洋溢的面部表情、生动的身体语言等来表现自己的热情，来赢得选民的喜爱。性情活泼、热情的政治家，轻易就博得选民的喜爱，丘吉尔、肯尼迪、里根、克林顿、布莱尔等这些20世纪的领袖，无不具备热情的品质。

在美国美林证券工作的泰德·秦在公司的几次裁员中一直留着助手彼德·阿瑟，就是因为彼德是个少有的热情人。泰德说："在我们高度的紧张工作中，他热情的笑脸、诙谐幽默的语言，对我们而言是最好的放松理疗，我感到心灵和大脑能振奋起来。"彼德的热情还表现在他善于外交、助人为乐、乐观的生活态度、非常善于表现的外向性格，他能够用性格的魅力轻而易举地解决一些别人不容易解决的部门之间的问题。因而，他被认为是交易层上最受欢迎的人。虽然仅仅见过他一面，他还迟到了半个小时，那一次见面，他热情、欢快的性格让在座的五六个人就没有停止过笑声。

如果能培养并发挥热情的特性，那么，无论你是个挖土工还是大老板，你都会认为自己的工作是快乐的，并对它怀着深切的兴趣。无论有多么困难，需要多少努力，你都会不急不躁地去进行，并做好想做的每一件事情。

在热情包围的氛围中其力量可以融化人与人之间的障碍，缩短心理的距离，消除不同生活经历带来的界线。

　　去法国、意大利和希腊旅游过的人，都会对这几个国家的人充满好感，因为他们的热情和欢快会让你感到生活在五彩的光芒之下，一切烦恼和悲伤都会像魔鬼一样在灿烂的阳光下消失了。吸引世界各地的人们前往法国、意大利旅游的原因不仅仅是欣赏前人留下来的不朽的艺术，而且也是为了去体验法国人、意大利人的热情和欢乐的人文风情。

　　热情不是一个空洞的词，它是一种巨大的力量。热情和人的关系如同蒸汽机和火车头的关系，它是人生主要的推动力，也是一个普通人想要生活好、工作好的最关键的心态。

　　有些人总是在想自己是一个各方面能力都一般的人，经常用"我是一个普通人"的借口来原谅自己。假如我们有这样的想法，那么就要小心了，这样的心态会使我们在还没有努力之前就已经失败，它是阻碍我们获得幸福的最大障碍，在我们与成功和金钱之间隔了一道厚厚的墙。

　　热情的源泉来自对生活的热爱和信赖，它可以通过各种方式表现出来。只要我们用积极和宽容的态度对待生活，由衷地欣赏、热爱并赞美我们所见到的每一个人和每一件事，我们周围的人就能体会到我们的热情。热情为成功的形象增加魅力，建议你试着做以下几条：

　　（1）用具有感染力的语气讲话。

　　（2）由衷地热爱生活，心中满怀"爱"和"诚"。

　　（3）宽待别人，赞赏别人，帮助别人。

　　（4）面带笑容。

　　（5）记住陌生人的名字。

　　（6）首次见面，握手要有力。

　　热情能够感染，当我们想要吸引他人的时候，当我们想要接近他人的时候，亮出你热情的宝剑，定能马到成功，让对方死心塌地地跟着你。

## ◎ 你不懂汇报，还敢拼职场？

汇报工作是下属和领导最主要的沟通方式之一。与领导之间若缺乏沟通，结果双方只会越来越不信任。不妨多用电话与领导联络，既可保持距离，减少火药味，又可拉近合作的关系。

在职场中，员工或下属向领导汇报工作，是常见的工作程序之一。特别是对那些经常要与大小领导打交道的员工或下属来说更是如此。原则上说，只要是领导直接交办或委托他人交办的工作，无论大事小事，无论工作的结果是否圆满，均应向领导如实做出相应的汇报。下属向领导汇报工作，汇报什么很重要，怎样汇报也同样重要：否则即使工作做了10分的成绩，汇报时给上司的印象只有6分，岂不冤枉？当然也不能做了8分，汇报成12分。这种夸大成绩的做法非常不可取，应该杜绝。除了按照领导的要求认真完成任务之外，掌握一些汇报工作的技巧，可以使你轻松获得领导的好感。

下属向领导汇报工作时的注意事项：

### 1. 及时汇报不好的消息

对不好的消息，要在事前主动报告。越早汇报越有价值，这样领导可以及早采取应对策略以减少损失。如果延误了时机，就可能铸成无法挽回的大错。报喜不报忧，这是多数人的通病，特别是在失败是由自己造成的情况下。实际上，碰到这种情况，就更加不能隐瞒，隐瞒只会造成更加严重的后果。

### 2. 要在事前主动报告

有的员工做事总是很被动，一般是在领导问起相关事情的时候才会提出报告。殊知，当上级主动问到这件事时，很可能是因为事情出了问题，否则上级是不会注意到的。下属应遵循这样一个原则：尽量在上级提出疑问之前主动汇报，即使是要很长时间才能完成的工作，也应该有情况就报告。以便领导了解工作是否按计划进行。如果不是，还要做出什么调整。这样，在工作不能按原计划达到目标的情况下，应尽早使领导知道事情的详细经过，就不至于被责问了。

### 3. 全权委托的事也要报告

在领导已经把事情全权委托给你办的情况下，不仅要和领导仔细讨论各种问题，请示相关情况，而且还要及时汇报各种相关事宜。一般情况下，领导把稍微有些难度的工作交给下属去办，是训练年轻员工最有效的办法。领导在做出各种布置后，一般会在一旁详细观察，在这种情况下，员工最好把事情的前因后果详细地向领导汇报。

### 4. 汇报工作时要先说结果，再次说经过

书面报告也要遵循这一原则，这样，汇报时就可以简明扼要，节省时间。

### 5. 汇报工作要严谨

在工作报告中，不仅要谈自己的想法和推测，还必须说正确无误的事实。如果报告时态度不严谨，在谈到相关事实时总是以一些模糊的话语，如"可能是""应该会"等来描述或推测的话，就会误导领导，不利于领导做出正确的决策。所以在表明自己意见的时候，最好明确地说"这是我的个人观点"，以便给领导留下思考空间，这样对己对领导都会大有裨益。

### 6. 忌揽功推过

下属向上级汇报工作，无论是报喜，还是报忧，其中最大的忌讳是揽功推过。所谓揽功，即是把工作成绩中不属于自己的内容往自己的功劳簿上记。不少人想不开其中的道理，他们在向领导汇报工作成绩时，往往有意夸大自己的作用和贡献，以为用这种做法就可以讨得领导的欢心与信任。实际上多数领导都是相当聪明的人，他们并不会因为你喜欢揽功，就把功劳记到你的账上去的。即便一时没有识破你的真面目，他们也多半会凭直觉感到你靠不住。因为人们对言过其实的人，多是比较敏感的。

所谓推过，就是把工作中因自己的主观原因造成的过错和应负的责任，故意向别人身上推，以开脱自己。它给人的印象是文过饰非，不诚实。趋利避害是人的天性，揽功推过却是人的劣根性。不揽功，不推过，是喜说喜，是忧报忧，是一种高尚的人品和良好的职业道德的体现。采取这种态度和做法的人，可能会在眼前利益上遭受某些损失，但是从长远看，必定能够站稳脚跟，并获得发展的机会。

### 7. 恭请领导评点

当你向领导汇报完工作之后，不可以马上一走了事。聪明人的做法是：主动恭请领导对自己的工作总结予以评点。这也是对领导的一种尊重和对他比你站得高、看得远、见识多的能力的肯定。

通常而论，领导对于下属的工作总结，大多都会有一个评断，不同的是有一些评断他可能公开讲出来，而有一些评断他则可能保留在心里。事实上那些保留在心里的评断，有时却是最重要的评断，对此，你绝不可大意。反之，你应该以真诚的态度去征求领导的意见，让领导把心里话讲出来。对于领导诚恳的评点，即便是逆耳之言，你均应以认真的精神、负责的态度去细心反思。只有那些能够虚心接受领导评点的员工和下属，才能够被领导委以重任。

汇报也具有时效性，及时地汇报才能发挥出最大的效力。当你完成了一件棘手的任务，或者解决了一个疑难问题的关键，这时马上找上司汇报效果最好，拖延时间再向上司汇报，上司可能已经失去对这件事情的兴趣，你的汇报也有画蛇添足之嫌。及时向上司汇报，还会使你与上司建立良好的互信关系，上司会自动对你的工作进行指导，帮助你尽善尽美地完成工作。

千万不要忽视请示与汇报的作用，因为它是你和领导进行沟通的主要渠道。你应该把每一次的请示汇报工作都做得完美无缺，领导对你的信任和赏识也就会慢慢加深了。

## ◎ 请示工作时，要主动而不越权

一件工作是以领导的命令开始，以下属的报告结束的。下属的工作能否顺利进行，是领导最为担心的。及时向领导请示与汇报可以缓解领导的这种担忧心理，同时也可以让领导觉得你很尊重他，很重视他对你的工作安排。下属向领导请示汇报，首先必须端正态度，对领导要尊重而不吹捧，主动而不越权，请示而不依赖。

### 1. 尊重而不假意吹捧

作为下属，我们一定要充分尊重领导，在各方面维护领导的权威，支持领导的工作，这也是做下属的本分。但是尊重领导，不是一见领导来了，就极尽奉承之能事进行公开吹捧，以讨领导的欢心。这种行为，很容易引起同事的反感，他们会在心里瞧不起你，不想与你合作，有的还会对你嗤之以鼻。而且领导本人对于虚伪的热情，也未必领情。

那么，在工作请示与汇报中，怎样才能更好地表现对领导的尊重呢？首先要发自内心地尊重领导，积极向领导靠近，主动地向领导汇报，让领导掌握你的工作进度和工作能力。其次在汇报过程中，要多向领导请教，在得到领导的指点和帮助的同时，也显示了你对他的尊重。曾经有人透露过他的一个工作方法，说是在制订计划时，故意留一点点缺陷，让领导给予指点，以满足领导的成就感。虽然我们不一定要仿照这种做法，但其中的道理是显而易见的，那就是人们大都会喜欢被别人抬举，喜欢显示自己的重要性，你的领导也不例外。

### 2. 主动而不擅自越权

对工作要积极主动，敢于直言，善于提出自己的意见。不能唯唯诺诺，四平八稳。在处理同领导的关系上要克服两种错误认识：一是领导说什么是什么，叫怎么着就怎么着，好坏没有自己的责任；二是自恃高明，对领导的工作思路不研究，不落实，甚至另搞一套，阳奉阴违。当然，下属的积极主动、大胆负责是有条件的，要有利于维护领导的权威，维护团体内部的团结，在某些工作上不能擅自超越自己的职权。

我们可以从以下几个方面努力：一是利用各种适当场合同领导进行思想交流，了解领导的思想方式，分析领导的意图，并加以理解、完善和落实。二是要尽量了解和掌握公司一个时期的中心工作，主动排除干扰中心工作的事项。三是要有意识地积累和储存有关工作资料，该记住的要记熟，该保存的要保存。另外，千万不能忘记自己的身份，必须时刻保持清醒的角色意识，找准自己的位置，而绝不能越权越位，自作主张，擅自行动。

### 3. 请示而不过分依赖

日常工作中，当一个任务分配到你手上之后，你是接过来闷头就干，觉得不需要依赖领导也能给他一个惊喜呢，还是在任务进行的过程中，时刻让领导掌握你的工作进展呢？如果你是领导，分配一个任务给某个下属，任务历时两个月，而这两个月中都没有他关于工作的消息，你会满意吗？作为下属，也许你在试图为领导制造惊喜的过程中，埋藏着工作的隐患和风险。作为领导，你也肯定希望掌握下属工作的进展，在必要时给你的下属更多更好的资源，帮助他把任务完成得更出色。

但是领导也不希望下属过分依赖自己。一般说来，中层干部在自己职权范围内大胆负责、创造性地工作，是值得倡导的，也是为领导所欢迎的。下属不能事事请示，遇事没有主见，大事小事都不做主。这样领导也许会觉得你办事不力，顶不了事。该请示汇报的必须请示汇报，但绝不要过分依赖。你不会喜欢事必躬亲的领导，领导也不会喜欢事事都要找他请示的下属。

## ◎　别躲避领导，要主动找机会接近

身在职场，为老板打工，看老板脸色，害怕老板是一种通病。很多员工在这种心理的作祟下，觉得和老板太近，只会加重焦虑和压抑的情绪，很怕与老板多接触，除了工作上的事，尽量躲避老板，不想让老板知道得太多管得太多，表面上保持着一种心理上的平衡。还有的人觉得，自己和领导走得过近，容易让其他人产生疑心，以为自己与老板一定有什么联系，或者是内心有什么企图在向老板套近乎，因此，为了避免让同事们说"闲话"，一些人选择了躲避老板。

其实这是一种误区。你采取躲避老板的做法似乎逃过了同事们的议论，但是却引起了老板的注意。老板因此会以为你对他不满而对你产生看法，或者以为你心里有什么话想说或犯了错误而逃避，总之，你躲避领导的做法是不礼貌的，更是对领导的不尊重。怕见领导的心态表明你对自己和工作不自信，而对于领导来说，他会觉得你心还没归属，很多重要的工作还不敢放心让你干，不敢委以重任。

领导需要了解下属，下属也需要了解领导，这是正常的人际交往。因此，不必因担心别人的议论而故意躲避领导。你若希望领导赏识你，看得起你，首先要让领导发现你。

与领导和睦相处，可以主动找机会与领导交往。生活中，害怕被淘汰而不断学习已是潮流和共识，有机会向身边的人学习，当然不会舍近求远。而在职场中，老板是强者，也是一个很好的学习榜样，和老板多接触，有机会向一个成功者学习，何乐而不为？因此，你没有理由躲避。如果拥有接触老板的机会，只要是合情理的，就要好好珍惜。

成功的秘诀之一是：与成功人士站在一起。身在职场，最成功的人士莫过于你的上司。所以，为了自己的进步和提高，你没有理由躲避领导。躲避领导，是一种对自己不信任的表现，更是对领导不尊重的表现。你有意无意地躲着领导，会让领导觉得你难以沟通，甚至不能信任。或许你不大擅长跟上级打交道，见了领导不知道如何表现，但你的躲避行为会给领导造成误解，也会让你失掉很多机会。

要想得到上司的青睐，第一步就是让上司注意你。成功吸引上司注意力的一个重要方式是帮助上司解决难题。

主动接近领导，替领导分忧解难的下属大多会赢得领导的赏识。所以，在与领导相处的过程中，你可以用以下方法接近领导。

### 1. 让上司看到你的表现

定期将自己的工作进度及所完成的任务上报公司，让他看到并肯定你的存在及贡献。提早完成交付的工作，永远都提前完成上司交给你的工作。

要求更多的工作与授权。让老板感受到你对自己的期望与进取精神，这是他们考虑提拔的重要指标。

借机表现你的领导能力。当有新员工进来时，可自告奋勇地"带"他，以此来表现你的热忱及领导能力。

开拓自己在公司内外的人际关系。通过公司内外的人际网络，不仅可以得到最新的信息，也能在换工作、升职位时获得较多的机会。

### 2. 向上司提出你的新看法

胆大，勇于冒险。向上司提出你的新看法，乐于接受新任务、新挑战，让他们看出你是可造之才。

### 3. 提高积极性，热心参加公司活动

借着公司大小活动加深上级主管对你的印象，也可多与其他部门主管及人员交流。向表现优异的同事学习。仔细观察办公室其他表现优异的同事，学习他们身上具有的你所不足的部分。

### 4. 提升自己的专业能力

加强自己的业务能力。学习外语与电脑，选修管理、财会及对未来升迁有益的课程。

规划好自己的事业。妥善规划自己的事业发展方向与步骤，记住：这是你自己的事业，得自己掌握。

## ◎　遇到批评时，一受二想三放下

受到上级批评时，反复纠缠、争辩，希望弄个一清二楚，这是

很没有必要的。确有冤情，确有误解怎么办？可找一两次机会表白一下，点到为止。即使领导没有为你"平反昭雪"，也完全用不着纠缠不休。这种斤斤计较型的部下，是很让领导头疼的。如果你的目的仅仅是为了不受批评，当然可以"寸土必争""寸理不让"。可是，一个把领导搞得筋疲力尽的人，又何谈晋升呢？

受批评甚至受训斥，受到某种正式的处分，惩罚是很不同的。在正式的处分中，你的某种权利在一定程度上受到限制或剥夺。如果你是冤枉的，当然应认真地申辩或申诉，直到搞清楚为止，从而保护自己的正当权益。但是受批评则不同，即使是受到错误的批评，使你在情感上、自尊心上，甚至在周围人们心目中受到一定影响，但你处理得好，不仅会得到补偿，还会收到更有利的效果。相反，过于追求弄清是非曲直，反而会使人们感到你心胸狭窄，经不起任何误解，人们对你只能戒备三分了。

没有人会无缘无故地发脾气、批评别人，领导之所以批评你，自然是你犯了某种错误。而要想处理得好，你就要坦诚接受领导的批评。

### 1. 搞清楚领导批评你什么

领导批评或训斥部下，有时是发现了问题，促进纠正；有时是出于调整关系的需要，告诉被批评者不要太自以为是，别把事情看得太简单；有时是与部下保持或拉开一定的距离，突出自己的威信和尊严；有时是为了"杀一儆百"，使不该受批评的人受了批评，代人受过，等等。总之，搞清楚了领导批评你的原因，你便能把握情况，从容应对。

### 2. 虚心接受领导的批评

受到领导的批评时，最需要表现出诚恳的态度，显示出你从批评中确实学到了什么，明白了什么道理。正确的批评有助于你明白事理，改过自新，并以此为戒；错误的批评也有可接受的出发点，因此，批评的对与错本身并无太大的关系，关键是对你的影响如何。你处理得好，会成为有利的因素，会成为你前进的动力；如果你不服气、发牢骚，那么你的这种态度很有可能引发负面效应，使你和领导的感情拉大距离。当领导认为你"批评不起""批评不得"时，也就产生了"用不起""提拔不得"的反感情绪。所以，应该正确看待领导的批评，受到批评不是坏事，通过受批评的过程，你才能更了解领导，接受批评则能体现你对领导的尊重，而这正可以作为和领导拉近距离的途径。

### 3. 不能对领导的批评满不在乎

最让上级恼火的，就是他的话被你当成了"耳旁风"。很少有领导把批评、斥责别人当成自己的嗜好。既然批评，尤其是训斥容易伤和气，因而他也是要谨慎行事的。而一旦批评了别人，就又产生了一个权威、尊严问题。而如果你对批评置若罔闻，我行我素，这种效果也许比当面顶撞更糟。因为，你的眼里没有领导。

### 4. 不要把批评看得过重

不要认为领导的一次批评就觉得自己一切都完了，从此一蹶不振，这样会让领导看不起。如果你把每次的批评都看得太重，甚至耿耿于怀，总是不服气地在心里较劲，那么以后领导可能再不会批评你什么了，因为他不会再信任和重用你了。

## ◎ 尊重和维护，做受领导欢迎的人

上下级的交往和相处是社交中很重要的部分。作为下级，不仅要服从上司的管理和调遣，还要注意学会与上司融洽相处。

### 1. 精明强干，才会得到领导的器重

领导一般都很赏识聪明、机灵、有头脑、有创造性的下属，这样的人往往能出色地完成任务。有能力做好本职工作是使领导满意的前提。一旦被人认为是无能无识之辈，既愚蠢又懒惰，便很危险了。

### 2. 向领导请教，才意味着"孺子可教"

在与领导的相处中，谦逊还是相当重要的。谦逊意味着你有自知之明，懂得尊重他人，有向领导请教学习的意向，意味着"孺子可教"。谦逊可让你得到更多人的支持，帮助你更好地成就事业。

### 3. 关键时刻，要为领导挺身而出

在关键时刻，领导才会真切地认识与了解下属。人生机遇难得，不要错过表现自己的极好机会。当某项工作陷入困境之时，你若能大显身手，定会让领导格外器重你。当领导本人在思想、感情或生活上出现矛盾时，你若能妙语劝慰，也会令其格外感激。此时，切忌变成一块木头，呆头呆脑、冷漠无能、畏首畏尾、胆怯懦弱。这样，领导便会认为你是一个无知无识、无情无能的平庸之辈。

### 4. 在领导面前不要计较个人得失

大多数领导也比较注重考虑下属的利益要求，但是若过于注意金钱物质利益之争，也并非对你有利。如果你喋喋不休地向领导提出物质利益要求，超过了他的心理承受能力，在感情上，他会觉得压抑、烦躁。如果"利益"是你"争"来的，领导虽做了付出，但并不愉快，心理上会认为你是个"格调"较低的人，觉得你很愚蠢。

最好的办法是让领导主动地给，而不是你去"争"。使你的工作干得漂亮一些，尽最大能力满足他的要求，并且有些特色，有所创造。明白的领导会量力而行，自然会用物质利益奖励你的，无须你去"争"。

### 5. 与领导交谈时，不可锋芒毕露

"君子藏器于身，待时而动。"你的聪明才智需要得到领导的赏识，但在他面前故意显示自己，则不免有做作之嫌。领导会因此而认为你是一个自大狂，恃才傲慢，盛气凌人，而在心理上觉得难以相处，彼此间缺乏一种默契。与领导相交，可寻找自然、活泼的话题，令他充分地发表意见，你适当地做些补充，提一些问题。这样，他便知道你是有知识、有见解的，自然而然地认识了你的能力和价值。不要用领导不懂的技术性较强的术语与之交谈。这样，他会觉得你是故意难为他；也可能觉得你的才干对他的职务将构成威胁，并产生戒备心理，而有意压制你；还可能把你看成书呆子，缺乏实际经验而不信任你。

### 6. 体会领导处境，理解领导难处

角色换位法，有助于体会领导的心境。有些人单位工作干得很好，当了领导却一筹莫展，尤其苦于处理各种人际关系。因此要主动地帮助他分忧解难。在其犹豫不决、举棋不定时，主动表示理解和同情，并诚恳地做出自己的努力，减轻领导的负担，这种做法会令他极为高兴的。

### 7. 不要当面顶撞领导

反驳领导时，必须照顾其面子，不要令人下不了台。当面顶撞是最愚蠢的。进谏方式很多，如动情法、比喻法、规劝法等。

### 8. 慎重对待领导的失误

领导在工作中出现失误，千万不要持幸灾乐祸或冷眼旁观的态度，这会令他极为寒心。能担责任就担责任，不能担责任可帮他分析原因，为其开脱。此外，还要帮他总结教训，多加劝慰。持指责、嘲讽的态度更易把关系搞僵，矛盾激化。那样，你就再不要指望领导喜欢你了。

### 9. 把功劳让给领导

中国人在讲自己的成绩时，往往会先说一段套话：成绩的取得，是领导和同志们帮助的结果。这种套话虽然乏味得很，却有很大的妙用：显得你谦虚谨慎，从而减少他人的忌恨。

好的东西，每一个人都喜欢；越是好的东西，越是舍不得给别人，这是人之常情。要是你有远大的抱负，就不要斤斤计较成绩的取得究竟你占有多少份，而应大大方方地把功劳让给你身边的人，特别是让给你的领导。这样，做了一件事，你感到喜悦，领导脸上也光彩，以后，领导少不了再给你更多的建功立业的机会。否则，如果只会打眼前的算盘，急功近利，则会得罪身边的人，将来一定会吃亏。

### 10. 不可张扬你对领导的善事

对领导让功一事绝不可到处宣传，如果你不能做到这一点，倒不如不让功。对于让功的事，让功者本人是不适合宣传的，自我宣传总有些邀功请赏、不尊重领导的味道，千万使不得，宣传你让功的事，只能由被让者来宣传。虽然这样做有点埋没了你的才华，但你的同事和领导总有一天会设法还给你这笔人情债，给你一份奖励。因此，做善事就要做到底，不要让人觉得你让功是虚伪的。


## ◎ 三明治法则，批评人还让人欢喜

人人都具有自我防卫的心理，在沟通中也是如此。当人们感到对方的信息含有对自己的威胁时，防卫心理就被激发出来，通常会以对对方的言语进行攻击、讽刺挖苦、品头论足、怀疑对方的动机等方式进行防卫，这就大大降低了取得相互理解的可能性。

美国前总统约翰·柯立芝发现，他的女秘书虽然长得非常漂亮，但工作经常出错。如果直接批评她，可能会激发她的防卫心理。

一天早晨，当这位女秘书穿着漂亮的衣服走进办公室时，他对她说："今天你穿的衣服真漂亮，适合你这样年轻漂亮的小姐。"女秘书听了喜形于色。

柯立芝接着说："你处理的公文如果不出错的话，我相信它也能和你一样漂亮。"从那天起，女秘书处理公文很少再出错了。

柯立芝总统在批评之前先赞美女秘书的一个优点，然后提出批评，最后以积极的方式结尾，这个三段式的批评方法，就像一个"三明治"：两片"赞美"的面包夹着一片"批评"的肉。这种沟通方法，被称为三明治法则。

三明治法则有利于员工接受上级的建议和意见，原因是：

第一，三明治法则能有效消除人的防卫心理。在批评之前，先说些亲切关怀赞美之类的话，就可以制造友好的沟通氛围，并可以让对方平静下来安心来进行交往对话。如果一开始就是直接的批评，语气又十分严厉，那么，对方就会产生一种自然的反射状的防御反应以保护自我。一旦产生了这种防卫心态，那就很难再听得进批评意见了，哪怕批评是很对的，也都将徒劳。

第二，三明治法则能消除员工的后顾之忧。许多批评结束时还让人心有余悸，让人搞不清楚是在受批评还是要受罚，因此，总会有后顾之忧。而三明治法则的最后一层起到了去后顾之忧的作用。它给予批评对象以鼓励、希望、信任、支持、帮助，使之能振作精神，重新再来，不再陷于错误的泥潭之中。

## ◎ 雷鲍夫法则，一开口就让人愿意合作

美国管理学家雷鲍夫提出：在你着手建立合作和信任时，你要学会使用你的语言，其中以下八句非常重要：

（1）最重要的八个字是：我承认我犯过错误。

（2）最重要的七个字是：你干了一件好事。

（3）最重要的六个字是：你的看法如何？

（4）最重要的五个字是：咱们一起干！

（5）最重要的四个字是：不妨试试。

（6）最重要的三个字是：谢谢您。

（7）最重要的两个字是：咱们……

（8）最重要的一个字是：您……

这一套沟通方法，被称之为雷鲍夫法则。

仔细观察雷鲍夫法则的八句金言，你会发现它们是一个不断渐进的过程。要建立合作和信任的基础最重要的就是认识自己和尊重他人。而上述定律无疑就是进行这一过程的最好表现。

**1. 最重要的八个字是：我承认我犯过错误**

说这八个字的前提是：知道自己错了，能承认。这就要求管理者能做到反省和谦逊。能身体力行做到这一点，并且真正是发自内心，贯彻到底，往往会产生出人意料的良好效果。

1990年2月，通用汽车公司的机械工程师伯涅特在领工资时，发现少了30美元，这是他一次加班应得的加班费。为此，他找到顶头上司，而上司却无能为力，于是他便给公司总裁斯通写信，说："我们总是碰到令人头痛的报酬问题，这已使一大批优秀人才感到失望

了。"斯通立即让最高管理部门妥善处理此事。三天之后，他们补发了伯涅特的工资。事情似乎可以结束了，但他们利用这件为职工补发工资的小事大做文章。第一，向伯涅特道歉；第二，在这件事情的推动下，了解那些"优秀人才"待遇较低的问题，调整了工资政策，提高了机械工程师的加班费；第三，向《华尔街日报》披露这一事件的全过程，在全国企业界引起了不小轰动。想想通用汽车公司的工程师真是幸福。通用改正了一个错误，但公司得到的远不是看起来这么少。

**2. 最重要的七个字是：你干了一件好事**

学会关注别人，鼓励别人，是建立合作与信任关系的第二条秘籍。

联想集团创始人柳传志在工作中非常善于关心下属、鼓励下属。当他发现中科院毕业的年轻人杨元庆在电脑销售中业绩突出后，大胆授权他成立PC事业部。即使后来遇到挫折，也鼓励他再接再厉，后来让联想电脑成为国产销量第一的品牌。再后来，杨元庆成为柳传志的接班人。

日本经营之神松下幸之助在创业阶段一直和员工同甘共苦。日后创立了三洋品牌的井植薰就常常回忆当时他在松下时不断受到的松下幸之助的鼓励，即使是在他把电池厂赔光了之后也还是如此。松下认为他能安全回来就已经是值得鼓励的了。

**3. 最重要的六个字是：你的看法如何**

当你听完下属的汇报，问一句："你的看法如何？"下属的责任感和自尊感会油然而生。这才是顾及他人感受的合作之道、成功之道。

**4. 最重要的五个字是：咱们一起干**

这五个字，反映的是上级与下级全力以赴的信心和决心。其作用，正如《孙子兵法》所说的"上下同欲，则战无不胜"。

### 5. 最重要的四个字是：不妨试试

"试试"就是鼓励下属不断地进行创新。"不妨"是这句话的关键。不妨就是不要太在意结果，有创意就一定要付诸实施，一定会有收获的。

### 6. 最重要的三个字是：谢谢您

"谢谢您"似乎是最常用的礼貌用语，但是到底要如何说出这个礼貌用语其实是一件非常需要技巧的事情。并非把谢谢挂在嘴边就可以了，真正说到人心里的谢谢是不需要用嘴表达的。

### 7. 最重要的两个字是：咱们

有个故事：洞房花烛夜，新郎兴奋，新娘娇羞。新娘忽然掩口而笑并以手指地："看，看，看老鼠在吃你家的大米。"翌日晨，新郎酣睡，新娘起床看到老鼠在吃大米，怒喝："该死的老鼠！敢来偷吃我家的大米！""嗖"的一声，一只鞋子飞了过去，新郎惊醒，不禁莞尔一笑。一夜之隔，一日之差，"你家"变"我家"！用词的改变，反映了新娘的心已经过门了！

使用"咱们"二字的道理也在于此。

### 8. 最重要的一个字是：您

这一条简单却又不简单，它是要你时刻记得尊重你的合作伙伴——您而不是你，这就是尊重。

理解了雷鲍夫法则的这八条，你会在建立信任与合作中无往不利、事半功倍。

# CHAPTER 7

## 男女交往有情趣，把握分寸不尴尬

爱一个人最好是八分，剩下的两分用来疼爱自己。少于八分则是不够爱，多于八分则容易迷失自己，也会给对方造成压力。

——佚名

## ◎ 怎样表白，才能打动对方的心

有了心上人，却不知怎样表达，这是青年男女常常碰到的难题。既羞于向人求教，更恐陷入"落花有意，流水无情"的尴尬，只好保持缄默，独自着急、苦恼。

据传某大学校园，有男生带着乐队、蜡烛和鲜花，在女生宿舍楼下当众表白。这样的方式，如果有双方情投意合的前提，倒不失为一种热烈的浪漫。倘若在不知对方心意的情况下贸然进行，则相当没有分寸感。既没有尊重女生害羞的心理，也让女生背上了沉重的情感负担——如果拒绝则让男生当众丢丑。有的男生则反驳说，就是要让女生感动。这是很幼稚的想法，年轻人的恋情之所以甜蜜，是因为两情相悦。因为喜欢你，所以你的浪漫让人感动。而不喜欢的人献来的殷勤，只会徒增烦恼罢了。

其实，向所爱慕的人表达爱意的方式多种多样，只要善于细心观察，及时捕捉爱的灵犀，总会找到恰如其分的时机和方法。这里向大家介绍几种方法供参考。

### 1. 制造悬念

当青年男女的感情发展到两情相悦的时候，先制造一个悬念，有意在对方的心中树立一个无形的"横刀夺爱"的"第三者"，造成一种欲爱不成、欲割难舍的紧张、矛盾心态，然后，突然使对方恍然大悟，实现爱的转折，将爱情推向一个新的高度。

马克思向燕妮的爱情表白，就是成功使用此法的典范。他对燕妮说："燕妮，我已经爱上一个人，决定向她表白我的爱情。"燕妮心里一直爱恋着马克思，此时不由一愣，急切地问："你真爱她吗？""爱，她是我遇见过的姑娘中最好的一个，我将永远从心底爱她！"燕妮强忍感情，平静地说："祝你幸福！"马克思风趣地说："我身边还带着她的照片呢，你想看看吗？"说着递给燕妮一只精致的小盒子，燕妮惴惴不安地打开，看到的是一面小镜子，镜子里的"照片"正是燕妮本人。马克思有意在燕妮大海一样的深情中掀起波浪——制造紧张局势，让深爱着他的燕妮在惊讶中误以为他另有所爱，当他察觉出燕妮因失去自己而显得痛楚、失落的神情时，又及时诱导她解开悬念，打开装"照片"的匣子，镜中人就是自己。一场虚惊恰恰表现了马克思表达爱情的独特方式。

### 2. 寓物言情

如果双方心意都已清楚，但怯于直言不讳地向对方表达，可以选择一件寓意深长的小礼物送给对方，表达自己的爱慕，这会在含蓄的基础上，平添一种浪漫的情调。当心上人的小礼物忽然而至，接受者的想象力便纵横驰骋，于是"奇迹"就会出现。

有一位女孩结识了一位男孩，男孩对她印象很好。在以后的接触中，彼此心生爱意，但始终都没有勇气向对方表白。后来，女孩的姐姐给她出了一条妙计：让她准备三张精美的卡片，在男孩生日那天亲手赠予。第一张卡片的画面是一位红衣少女，俏皮地捏着自己的鼻子，卡片上写着："请记住我！"第二张是朴素的画面，霞光把湖水映成一片橘红，题有两行小字"如果从开始就是一种错误，那么为什么，为什么会错得这样美丽？"第三张的画面是少女月下抚琴，写着："好想你！"多有意思！这种表达爱情的方式不仅别出心裁，生动有趣，更富有浪漫的情调，任何一个被丘比特箭射中的人都会欣然接受的。

### 3. 曲折含蓄

如果你心上人的文化素质与领悟能力比较强，那么，你可以不显山不露水，把你的情感若隐若现地包含在彼此的谈话中，曲径通幽，使他（她）倍感爱情的神秘与甜蜜，很有意境。

有一位小伙子在参加散文大奖赛中荣获一等奖，他兴高采烈地把这个消息告诉心上人："我终于实现了自己的一个愿望！"姑娘也兴奋地说："那我祝贺你！""这样庆贺太没劲了，咱们搞个家宴，怎么样？"小伙子提议。"可以呀！可是我不会做菜，怎么办？"小伙子显得为难起来。"我可以试试呀！"姑娘毛遂自荐。"那敢情好，我如果能经常吃到你做的菜，那该多好啊！""只要你不嫌我做得难吃，我答应你就是了！"小伙子用获奖为话题，以做饭为主线，绕了一个大圈子，终于巧妙地将彼此的谈话导入表情达意的"正常轨道"，仿佛是在不经意之间，就敲定了一桩婚姻。

### 4. 直抒胸臆

有的人表达爱意十分简明、直率、不虚伪造作，大胆而毫无保留地向对方倾吐自己的感情，宛如潺潺的小溪，汩汩而流。一般而言，对性情直率、喜欢开门见山的人宜采用此法。显然，对于交往比较深，有一定的感情基础，或者两人已经暗地互相倾慕，只需"捅破那层纸"的双方来说，直抒胸臆表达爱情很省力，也别有一番情趣。

据说京东商城的创始人刘强东，在美国哥伦比亚大学进修时，遇到了同样来自江苏的老乡章泽天，两人很快成了无话不谈的好朋友。一天，刘强东向章泽天直截了当地说："请你做我的妻子吧！"而一直爱慕刘强东的章泽天也回答得很干脆："有什么办法呢，那就做你的妻子吧！"

事业心很强的刘强东在遇到真爱时，表白的方式言简意赅、感情诚挚，给人以难以拒绝的力量。同时，也让章泽天清清楚楚地看到了他一颗忠诚坚定的心灵，从而很容易使双方激起爱的涟漪。

### 5. 诙谐幽默

将神圣的爱情寓于俏皮逗趣的说笑中，让对方不知不觉地体会你的心思，你在"幽"他一"默"的情态中完成一次"试探"，既不显得羞怯，又不会出现难堪的场面。

李成陪邓卉到商场买东西，为了在邓卉面前玩潇洒，显"派"而取悦于她，李成对售货员指东喝西，最终一件东西也没买，为此惹怒了售货员，双方唇枪舌剑。当李成显然处于无理的劣势之时，邓卉站出来从中周旋，为他挽回了面子。李成很感动地对她说："人们常说'英雄救美人'，今儿倒好，成了'美人救狗熊'，我真该好好感谢你才是啊！"邓卉止住笑俏皮追问到："好啊，看你怎么谢我呀？""我送你一件最珍贵而稀有的礼物，不知你喜不喜欢？"李成显然已成竹在胸，献殷勤地调侃。"说出来看看吧！""我把我自己赠送给你，接受不接受啊？""哇！真逗人！"李成巧妙地拿自己幽默自己，使邓卉充分感受到了他的风趣睿智。最后，他通过拟物法把自己作为酬谢礼品送给心上人，还煞有介事地问邓卉喜欢不喜欢，其实是试探她愿不愿接纳他对她的爱情。无论邓卉怎么回答，彼此在这种愉悦的氛围中都不会有什么不快。

### 6. 画龙点睛

彼此心有期许，往往又飘忽不定，犹豫不决，爱恋的一方借助某种氛围和物质的烘托，将爱情推向"白热化"。

建明只差一步之遥就可能获取佳佳的芳心。可佳佳近来对他表现出不友好的态度。这着实让建明乱了方寸，百思不得其解。情人节这天，本想买束花送给佳佳，可花市告罄。于是他直奔乡下花圃。入夜，当他抱着一大捧鲜艳的红玫瑰正要献给在公园门口等自己的佳佳时，被一群囊中有钱、手上无花的俊男倩女拦住，他们要出二十元买两束。建明灵机一动，不无得意地大声说："按说，我有这些'鲜花'，卖你们两束也可以，可是，这是我特意从花圃采来献给我的天使的，花儿代表我的心，此花今晚只属佳佳一人！"佳佳顿时陶醉在一片羡慕声中，建明通过赠花将他对心上人的情感，在大庭广众之下进行渲染，既表现了他对佳佳爱情的赤胆忠心，又使佳佳在大家面前风光了一回，自尊心得到了极大的满足。

**7. 借题发挥**

巧妙地将情感蕴含在并不直露的言语中，借用某一事物或人物等形式，小题大做，把绵绵之情传递给对方，发展彼此的关系。比如，利用双方的共同爱好，经常交换、推荐好书读。在这一借一还，借借还还之中，爱情的种子便发芽了。

一天，翎向菲讨还他新买回而自己尚未看的一本书，菲深情地对翎说："我借别人的书，总是很快就会读完，而唯有你借给我的这本书，怎么也读不完，可能要读一辈子，你是愿意伴我读完呢，还是让我割舍不读呢？"结果可想而知。

总之，向心上人表达爱情，是一种最甜蜜、最伤神、最微妙的情感活动，在表达爱情的过程中，要把握好性别角色、情感浓度，积极发扬大胆主动、锲而不舍的精神，只有这样才能拥有甜蜜永久的爱情。

## ◎ 对方有意，才可更进一步

陌生男女相遇，或者处于普通交往阶段的男女朋友，在什么情况下可以发展更进一步的关系呢？

如果冒冒失失地往前推进，就是没有分寸感的表现，会让双方陷入尴尬的境地。

这个时候，主动释放一些希望更进一步发展关系的信号（俗称"放电"）就显得比较明智，如果对方也对你"来电"，那就可以顺其自然地往下推进了。如果你接收到了对方"放电"的电波，也可以积极"回电"，以便水到渠成。

事实上，男女之间的"放电"是有迹可寻的，心理学家曾在饭店、酒吧等地方，做了长期的观察研究，发现两性之间的挑逗，可以分为三个阶段。

第一阶段，男女双方进行大范围"狩猎"，寻觅目标，倘若见到合自己心意的异性，一开始只会匆匆瞥一眼，然后便会移开目光，心里盘算着应该怎样发放挑逗的信号。

第二阶段，由单方面发展到双方面，双方开始积极传送信号，包括面部表情、姿势及其他身体语言，根据心理学家研究发现，男女分别有一套特别的信号用来吸引对方。

男性常用的"放电"信号：

（1）眼神：对望。

（2）笑容：微笑。

（3）身体：贴椅背直坐或挺腰站立，将胸部尽量伸展，显示其肌肉及男子汉气概；吸烟者会把玩火机或夸大吸烟姿势。

（4）装扮：西装或一身名牌装扮，显示其身份地位。

女性常用的"放电"信号：

（1）头发：撩拨、抚弄或将头发绕圈。

（2）眼神：瞥一瞥、凝望、对视、睁大眼睛。

（3）笑容：含羞地笑、稚气地笑、温柔地笑、微微勾起嘴角似笑非笑。

（4）嘴唇：轻撅、轻舔、轻咬。

（5）颈项：轻抚颈项，突出颈部线条。

（6）身体：挺胸收腹，从而令臀部凸起，显露身体线条。

（7）动作：轻轻晃动小腿，微微摇晃身体。

（8）装扮：贴身衣裙、高跟鞋。

第三阶段，当接收到对方的信号，男女双方都想进一步发展关系时，便会采取实际行动。如向对方走近、攀谈，在谈话时会玩一些小把戏，例如把玩桌上物品之类的小动作，以期能借机触碰对方的指头，来尝试最初的身体接触。

## ◎ 有分寸感的男人，讨女人喜欢

对于女性来说，内心通常认为男人的分寸感体现在以下方面，或者说，有以下表现的男人值得深交，讨女人喜欢。

### 1. 对自己有主见，但对女性却不太过坚持己见

他对女性的爱比要求多，他对自己有主见，对女性则不会太过坚持己见。他尊重女性做出的各种人生选择，鼓励女性发展自己的专长。现代好男人的一条重要标准是，尊重所有的女性，包括仅有一面之缘的人。

### 2. 对女性嘘寒问暖，关爱体贴

女性对他已经很熟悉，虽然没有了热恋的心跳感觉，但他确实比任何人都关心女性，在女性苦恼的时候，他永远站在女性这边，耐心倾听女性倒苦水；他记得女性提过的朋友的名字；女性口渴时他能够轻轻递上香茶……这些都无声地传达他真心喜欢这位女性的信息。

### 3. 有话好好讲，不轻易发脾气

两人发生争执，通常是他最先让步。他懂得如何表达自己，并耐心听女性说话。如果女性是对的，他能够承认错误；即使女性不对，他也愿意原谅女性。有话可以好好讲，不会动不动就拉下脸来，送女性一脸的表情暴力。也不会为一点小事发脾气或赌气，影响他人心情。

### 4. 爱过，但每次只爱一个人

专一的定义并非是他只能一生爱一人，而是每爱一个人的时候他都一心一意。如果他曾经有过刻骨铭心的感情经历，并为此真心付出过，那么至少可以证明他是个深情、敢于承诺的男人，一个愿意为感情破裂分担部分责任的男人。

### 5. 愿意倾听女性的苦恼

向他倾诉是安全的，他能开诚布公地与女性沟通，他懂得倾听，知道什么时候该说话，什么时候该闭嘴。女性不会害怕对他表达，当女性和他分享自己的感受与思想时，能觉得安全。良好沟通的基础是信任，在他面前，女性确信不会因为表达内心深层想法而遭受到嘲笑或伤害，这就叫安全感。

### 6. 不会因为朋友而忽略女性

他有正常的社交圈，有彼此信赖的好朋友，也重视他们，但他不会为了朋友而把女性晾在一边。他能够独立思考和行动，而非唯朋友是从。并且，不需要女性耳提面命，他就能清楚掌握女朋友与异性朋友的分界。

## ◎ 有分寸感的女人，让男人珍惜

对于男性来说，通常心目中会认为以下几种女人值得深交呢？

### 1. 她很想陪着男性

男性开心的时候，她很想在男性身边看到男性微笑的样子。男性失落的时候，她第一时间在男性旁边安慰男性，想破脑袋想帮助男性。男性熬夜到很晚，她的QQ或者MSN陪男性一起亮着。如果男性下线了，再登录一看，她的头像就暗了。她熬到那么晚只是在等男性。

### 2. 懂事

知道什么时候该撒娇，什么时候该像爱小孩子一样疼惜男性。如果男性是个学生，她不会任性地要求男性翘课陪她逛街，不会让没有经济来源的男性买奢侈品。如果男性已经工作，她不会埋怨男性忘记打电话给他，不会在男性工作烦心的时候要男性甜言蜜语，即使自己心情再不好，也会轻轻拥着男性，始终站在男性这边。

### 3. 不放过任何与男性有关的信息

融入男性的生活圈、朋友圈。结识男性的朋友，链接任何在男性空间留言的朋友的页面，看男性喜欢的电影和书，去男性喜欢的餐厅，逛男性喜欢的品牌店，甚至笨拙地模仿男性欣赏的异性类型。她不是不够好，而是想变得更好，更适合男性，更容易得到男性的认可和赞许。

### 4. 觉得男性是最好的

她绝不会在男性同事同学家人朋友面前提男性的缺点，嘲笑男性，哪怕只是玩笑。她可能觉得男性这么做那样做不对，但会给足男性需要的面子，帮男性打圆场，帮男性找台阶下，只晒幸福，只说男性的好。

### 5. 有限地依赖男性

她需要男性的肩膀，但是绝不会凡事都依赖男性。她在男性面前很弱势，常常需要男性来把持局面。不是她笨，只是喜欢在男性面前装傻，喜欢被男性照顾。但她不会黏着男性，把男性当保姆，该独立的时候她可以一个人。

### 6. 善解人意，知情识趣

她不会总是要求男性先让步。男性要懂得包容和迁就，不是因为她是女人，而是因为自己是男人。但她绝不会因此被宠坏而从头至尾都等着男性主动向她道歉，而是会很小心翼翼地跟男性撒娇，求得男性的原谅。

### 7. 在乎男性

她发给男性的短信几乎不会有错别字，不会有歧义。她很注重跟男性在一起时的一切细节，连发消息之前都会反复确认好几遍措辞、语气，甚至表情。

### 8. 漂亮但不轻浮

她和男性朋友一起聚会时候会打扮得漂亮但不会妖艳，只会在男友面前偶尔穿很火辣的衣服。

她永远会把男友与其他男生区别对待，而不是总是孔雀开屏般地向所有人展示美丽。

### 9. 紧张男友

看到女人围着男友转，她会吃醋，那些女人很优秀，她更容易吃醋，但是不会无理取闹，兴师问罪。她关心男友，在乎男友，想要抓住男友的心。只要男友肯耐下心，不要吝惜多说让她安心的话。她需要的只是一句别人听不到只有她能听到的话。

### 10. 肯定男友

她也许会有很多异性朋友，也许不乏追求者，但是她会明确告诉他们她喜欢的是男友，而且不会拿这些人的优点跟男友做比较。她会时不时告诉男友谁谁谁要追她，看到男友紧张的表情，会很满足地加一句，我心里只会有你……不是她无聊，她很需要被重视。

### 11. 懂男友，理解男友，支持男友

她会很认真很专注地看着男友，听男友说话。看清男友的样子，记住男友的声音。她不仅爱男友，也懂男友并欣赏男友。

## ◎　温而有度，两性友谊不能超温

异性友谊是一种美好的境界。对于单身者来说，升温为爱情，或许是值得庆贺的事情；对于已经有了恋人或者已婚的人来说，一定要注意保持其"恒温"，否则会引起诸多麻烦，还会受到道德和良心的谴责。

那么如何知道友谊"超温"了呢？下面列出两点迹象，或许对你有所帮助。

（1）和异性朋友交往中，如果你发觉自己离不开对方或对方离不开你时，要警惕友谊的超温了，此时应该迅速降温。

（2）如果你或你的异性朋友强烈排斥对方同其他的异性交往时，就有问题了，此时也应该及时给你们的友谊降温。

如何保持异性友谊的"恒温"呢？

### 1. 不要自作多情

与异性朋友交往时，不要自作多情。不要把异性朋友的赞美与帮助当成对自己的爱意，把其当作对自己的肯定就够了。自作多情常常伤人伤己，封闭了自己的异性友谊之门。比如，一位男工程师与实验室一位姑娘本来相处得很融洽，姑娘经常主动、热情地帮助工程师做事，于是工程师认为她对自己有意思。有一天，他煞有介事地告诉姑娘，自己是有妇之夫，不能接受她的爱，希望她早日找到更好的伴侣。委屈、羞愧之下，姑娘离开了实验室。男工程师

的自作多情伤害了姑娘，更使自己陷入可笑的境地，亵渎了纯真的友谊。

### 2. 不要过分依恋异性朋友

对异性朋友不要有过分的依恋。比如有些女孩子往往过分依恋男性朋友，遇见一点困难就找朋友帮忙，有一点小委屈就跑到朋友那里倾诉。从心理学上，这是一种时刻寻求安全感的童稚心理：小的时候，过分依赖父母，把安全感寄托在父母身上；长大后，又把这种安全感寄托到恋人或朋友身上。在这种心理之下，异性友谊很容易升温为爱情，更容易使友谊蒙上阴影。过分依恋的人有独占异性朋友的欲望，不希望对方有其他亲密朋友。比如一位性格开朗、喜欢结交朋友的男士正陷于苦恼之中。他和一位女同事是好朋友，可这位女同事内向深沉，对他过于依恋，以致其他同事常产生误会。她反对他结交其他女性朋友，一旦看见他与其他女性谈笑，就要和他过不去。他们各有家室，他并不想搞什么婚外恋，于是不得不考虑和这位女同事断绝友谊。

### 3. 不宜隐瞒

与异性交往应该坦诚，最好让自己的爱人知道。既是正当的朋友，就不应该隐瞒。如果你的异性朋友与你的爱人不相识，应该主动介绍他们认识；如果有单独交往，最好也要事先告诉你的爱人，否则可能引起误会，影响双方感情。

### 4. 不应过分随便

男女间交往过分拘谨固然令人生厌，但也不可过分随便，诸如嬉笑打闹、你推我拉之类的举止应力求避免。我们现在虽然反对"男女授受不亲"的封建旧观念，但"男女有别"的客观事实也是要注意的。纯正的异性朋友，自然可以堂堂正正地来往和接触。但毕竟有性别差异摆在那里，一举一动都要大方得体，不能过于随便，否则可能会伤害各自的恋人，有损友谊的巩固。

男女之间交谈，不能随随便便无所顾忌，有些话题只能在同性之间交谈，有些玩笑不宜在异性面前乱开。男女交往时要注意自尊自爱，言谈举止要做到庄重文雅。

### 5. 不宜过分冷淡

男女交往时，理智行事是必要的，但不应过分冷淡。因为这样会伤害对方的自尊心，也会使人觉得你高傲自大，孤芳自赏，不可接近。

### 6. 应该热情大方

在与异性的交往中，要注意消除异性间的不自然感。在心理上，应该像对待同性朋友那样去与异性交往，不应有任何矫揉造作和忸怩作态，那样反而会使人生厌。和异性交往，对已婚男女和未婚男女应该是没有区别的：这种交往是纯正的友谊而不包括丝毫择偶因素。此时的异性友谊，应少些少男少女的腼腆羞涩，而应热情大方。特别是在家中待客，对所有客人都要一视同仁。

### 7. 不宜有非分之想，要洁身自好

不要虚荣轻佻，借异性友谊之名玩弄他人感情。不要见异思迁，把握不住自己的感情，禁不起新的感情的诱惑，轻率地背叛自己的爱情。

### 8. 勇敢说"不"

当发觉异性朋友想超越友情时，要勇于说"不"。不要为了保持友谊而迁就对方的过分要求。如果朋友因为你的拒绝而远离你，不必伤心，本来心有他图的朋友不要又何妨？但要注意说"不"的方式，要动之以情、晓之以理，尽量避免伤害对方。已婚的人，可以通过提及自己亲密的夫妻感情而从侧面拒绝异性朋友的过分要求。

## ◎ 与女人交往，男人应避开的问题

男性在与女性的交往中，如果能避开以下十方面，那么肯定会成为女性所喜欢的人物。

**1. 轻率地询问女性的年龄**

在日常应酬中，轻率地询问女性年龄被认为是最不礼貌的行为，这种做法往往会被误认为不怀好意。

**2. 询问女性的家庭住址及家庭情况**

若非必要，随便地询问女性的家庭住址及家庭情况，容易使女性认为你心怀不轨而疏远甚至讨厌你。

**3. 对女性的容貌品头论足**

女性一般都非常在乎别人特别是男性对自己容貌的评价，而且女性一般都希望别人称赞她的容貌，即使她的容貌有一些缺陷。如果轻易对女性的容貌品头论足，会被认为你缺乏教养，同时还会招来女性的反感。

**4. 损伤女性的自尊心**

女性往往比男性更看重自尊，同时女性的自尊又特别容易受到伤害，因此在与女性交谈时，一定要避免说一些伤她们自尊心的话。

**5. 嘲笑女性**

相对于男性来说，女性有许多弱点，若因此对女性加以嘲笑，肯定会因此而引发"红颜一怒"。

**6. 脏话连篇**

有些男性认为粗犷可以显示男子汉气魄，可以吸引女性的目光，因此在谈话中口无遮拦，脏话连篇，以为唯有如此方显男人本色。其实这是偏见，甚至可以说是无知。因为一般女性还是喜欢与"文明"

的男性相处，而且与"文明"的男人相处会令她们更有安全感。

### 7. 说其他女性的坏话

女性一般都非常看重男性的品性，如果一个男性当着一个女性的面将另一个女性贬低得一文不值，以为这样就会获得身边女性的好感，那么这就大错特错了。女性的心理是很奇怪的，她们之间可以相互嫉妒，但是却不容许男性妄加评论。

### 8. 散布传播女性谣言

当着女性的面传播女性谣言，会令女性觉得你人品有问题。而只要有一个女性认为你很下流，那么很快所有的女性都会知道你是个下流胚。所以千万不要散布传播女性的谣言，更不能当着女性的面做这种事。

### 9. 过分地恭维

女性都喜欢被别人恭维，但是过分地恭维，同样会遭到女性的反感。比如一个女性本来相貌平平，你却恭维她说："你好美哟！"那她一定会以为你是在讽刺她。所以在恭维女性时，一定要抓住她与众不同的特点，恰如其分地恭维会令女性对你"高看一眼"。

### 10. 哗众取宠

女性最讨厌的男性特点之一，就是哗众取宠。哗众取宠的男人往往会过分地夸大自己，也许会在第一次时得逞，令女性对其青睐三分，但是第二次就不行了。哗众取宠的外衣一旦被剥去，女性便会对你产生十二分的讨厌，对你不屑一顾。

## ◎　与男人交往，女人应注意的地方

### 1. 别把男性当佣人

有位小姐经常调用她身边的男性干这干那，有时还强行要男性请她吃饭，还不失时机地显示这是她对男性的"恩赐"。因此她每到一处，往往是仅仅一两个月，若非想在她的身上另有所图的男性，大多数男性会纷纷离开她，不再与她来往，而且每当谈到她时都嗤之以鼻。

### 2. 别惦记着占男性的便宜

女性与男性在一起，往往都是非常"幸福"的，因为男性不仅充当女性的"保护人"，同时还心甘情愿地为女性花钱卖力。正因为如此，有些女性才会形成一种惯性，凡是与男性在一起，她们不是点"狮子老虎"，便是要"苍蝇蚊子"，最终令男性望而生畏。

### 3. 别把男性当傻瓜

男性即使在为自己所喜爱的女性服务时，心里也已经在算计着如何得到回报。所以女性应当注意的是，越是殷勤的男性，对你的威胁也越大。

### 4. 别对男性动手动脚

有的女性喜欢对男性或推一掌，或打一拳，或踢一脚，男性对于喜欢动手动脚的女性，往往心里非常讨厌，他会认为这是"轻浮"。

### 5. 别当"长舌妇"

有个女子，经常在男性面前讲其他男女之间的某些所谓隐秘的事情，最终总免不了来一句"真恶心"。时间长了以后，男性都纷纷远离她，因为谁都害怕自己不慎成为她"恶心"的对象。

### 6. 别自我标榜

自我标榜的女性有时只会落得被人嗤笑的结局。

### 7. 别袒胸露臂

有些女性为了表现其开放性，常常袒胸露臂，故意做出一副随便的样子，以为这样便可以赢得男性的赞赏。其实没有一个男人希望与自己交往的女性被人冠以"不检点"的评价。

### 8. 别勉强男性

有时，对于一些事情，男性可能会碍于情面干一次，但是到了下次，他一定会躲着你。

### 9. 别对男性横加指责

遭到指责或者自尊心受了伤害的男性，虽然当时也许不便发怒，但以后绝不会愿意与你在一起。

### 10. 别把友情当爱情

男女之间的友情有时候是非常微妙的，作为女性，尤其要将这二者分清。把友情当成爱情，有时会使人十分尴尬，而且还无法解说。所以身为女性，千万别凭自己的感观对此加以定论，因为这样不仅不可能得到爱情，最终会连友情也一起葬送。

## ◎ 女人有些事，男人从不想知道

### 1. 男人不想知道：她交过多少个男朋友，她跟他们在一起都做了什么

虽然男人比女人更在意另一半的过去，可是有些男人宁愿装聋作哑也不想打听这些陈芝麻烂谷子的事。倒不是他们的胸襟有多宽广，气量有多大，是实在受不了女人陈述这些事情时细细回味的表情，更受不了听到那些能令男人怒火中烧、咬牙切齿的细节。跟女人更看重两人的现在和将来正好相反，男人对女人的过去总是耿耿于怀。

### 2. 男人不想知道：她如何对她的女友评价我

因为男人曾经听过别的女人怎么在私底下交流对她们的男友

或伴侣的看法。"他才挣那么点钱，叫他换家公司他又不去""他妈妈可真烦，成天给他打电话""他太小气，过生日就送几朵花，你多幸福啊，有人送钻石"……天啊，这真是可怕。如果男人听到女友对别人这么描述他的话，他是无论如何也无法接受的。

**3. 男人不想知道：她抚摩我的肚子时怎么想（5年前我可不是这个样子）**

男人们很羡慕施瓦辛格，尽管他当了州长以后身材也走了样。不过女人不总是说肌肉太多像怪物吗？不是每个男人都是演员，保持体形这么辛苦实在没必要。看过《美国丽人》吧，只有人生有了新的憧憬，男人们才会注意自己的体形。

**4. 男人不想知道：她刚买的两双名牌皮靴的价钱**

这些都是在她感觉"压力很大"时，为了那些非常稀少的"正式场合"购买的，还有很多都睡在壁橱里。要知道男人们一直想换台等离子电视，银行的贷款还没还清，一想起这些他就生气。甚至他想买个打火机都会被她大骂"浪费"。

**5. 男人不想知道：她是否对她最好朋友的婚礼感到嫉妒（那个姑娘嫁给了一个大款）**

虽然女人一个劲儿地说那婚礼太俗，可仍然津津有味地描述人家有多少辆名车开道，包了私家花园，请来歌星捧场，摆了多少酒席（海鲜酒席）和一米多高的大蛋糕，送的多少克拉的钻戒……

**6. 男人不想知道：她跟办公室里其他女同事闹别扭的细节**

好像女同事之间特别爱为一些小事较劲。跟男人在一起的女人总是一副小鸟依人的样子，别让他知道她们也有强悍、泼辣的一面，那会降低女人在男人心中的淑女形象。如果这个女人不需要他保护，他也许可以保护一下其他弱者。

**7. 男人不想知道：她去酒吧的那个晚上喝了多少杯**

女人在外面喝多了终究是不太安全的事。在酒吧放纵地买醉的女人是色鬼男人的目标。女人以为自己酒量大，姿态潇洒，能把持得住，其实在男人眼里是很幼稚的。如果女人是借酒浇愁，既然愁事不愿跟他们讲，男人们也无话可说了。

**8. 男人不想知道：你的父母怎么是这样的！他们……**

女人如果真的尊重他们，就不会有这番谈话了。不过看在他们那么大岁数，养男人那么多年的份上，女人有什么意见就忍忍怎么样？

**9. 男人不想知道：她是否偷偷翻了我的皮包和钱包**

男人要是真有什么事，是不会留线索给女人的。女人的占有欲很可怕，明里紧盯，暗里抽查，想翻就翻，不过别被男人撞上，会很尴尬的。

**10. 男人不想知道：一杯啤酒里有多少热量**

也许他已经很努力控制脂肪的摄入了，他还经常运动、做家务，这时候如果她每次在他端起酒杯的时候就皱眉头，把那点乏味的饮食热量知识抬出来，那对男人来说真是超不爽！女人在大吃水煮鱼的时候，男人通常什么都不说的。

**11. 男人不想知道：她曾和别人偷情**

如果不想分手，那么这种事他宁愿不知道，否则很难说服自己接受。如果他想分手，这也许是一个最好的借口，可既然已下定决心，知道不知道这事又有什么分别呢？

**12. 男人不想知道：由她来告诉他如何更换水龙头**

如何给汽车换备胎这样的事他可能不会做，但他是绝对不会请教女人的。男人都是想要自己动手解决问题的，这样才有创造性。尽管出错率很高，也不愿意虚心认错。

# CHAPTER 8

## 小孩教养看父母，讲究分寸做榜样

"孩子犯了错，上帝都会原谅。家长之所以总不能原谅孩子，大概是因为自己离上帝太远了吧！"

——欧洲格言

## ◎　与孩子交流时，应当少说多听

倾听孩子的心声，让孩子把内心的真实想法说出来，体会孩子的感受，不但可以增进父母与孩子之间的感情，也可以让孩子明白，不管有什么困难和烦恼，都会得到父母的体谅和支持。这会让孩子有安全感，而这种安全感是孩子的创造力和理解力得到健康发展的前提。

倾听孩子说话，重要的是少说多听。经常有孩子抱怨："没有一个人真正听我说话，他们只是在说自己的！"孩子对这种情况有特殊的感受。称职的父母，一定要学会倾听孩子说话，用自己对孩子的信任、尊重去促使孩子多说话，让孩子把自己的所思所想都表达出来，这样，才能与孩子进行良性的交流和沟通。

在倾听孩子说话时，要注意以下问题。

### 1. 要对孩子的话题表现出兴趣

也许孩子所说的一切，在父母眼里很幼稚。但是父母在倾听孩子说话时，一定要对孩子以及孩子说的话表现出浓厚的兴趣，这样，孩子才能感觉到被尊重，也会感到自己是重要的。

### 2. 要给孩子留出时间

在孩子获得成功或者喜悦时，他们很想让父母分享他们的好消息或者愉快的心情；当孩子内心经历着恐慌、创伤或失望时，他们也需要父母温情的安慰。所以，父母不论多忙，都要给孩子留有时间，不要让孩子觉得父母由于着急做其他的事，没工夫听他们说话，要给孩子留一部分时间说话，给孩子倾诉表达的机会。

### 3. 听孩子说话时，一定要集中注意力

父母和孩子交流时要选择合适的时间和地点，比如选一个安静的地点，一个不忙的时间，这样才能够做到专心听孩子说话。在这个时间，不要想其他的事情，忘掉其他任何分心的事，只关心与孩子的交流，真心与孩子接触，哪怕只是几分钟，也要认真倾听。

### 4. 耐心地鼓励孩子谈话

在听孩子说话的过程中，要善用一些鼓励的词，如"嗯""我懂了""不错"等，也可以适时地提一些简单的问题引导孩子。也不要随便打断孩子的话，让孩子尽情地把想说的都说出来。

### 5. 注意自身的行为语言

父母要善于利用自己的行为语言向孩子表示"我在听着呢""我感兴趣""你说的真有意思"。有下面几种信号可以表示对孩子的注意：一是用慈爱的目光注视孩子；二是正面面对孩子；三是与孩子紧挨着坐等。

### 6. 帮助孩子弄明白，并说出自己的经验

在倾听孩子说话的过程中，父母要及时回应一下，通过自己的言语对孩子的叙述加以解释和说明，可以帮助他们弄清楚自己所表示的意思。在解释时，要多运用词汇，尽可能地帮助孩子把自己想说的话，准确、清楚地表达出来。

父母听孩子说话的时机选择，要注意以下几点：

（1）心情不佳、过于疲劳或工作中遇到棘手问题必须尽快处理时，最好不要听孩子说话。

（2）要有一个理智的心理环境。环境安静，心情平和，能较好地对孩子的问题进行思考，采取成熟的解决策略。

（3）根据具体情况，由父母一方出面，或一起出面来倾听。这要事先商量好，但要注意回避孩子，避开其他人。

父母在倾听孩子说话的时候要肯花时间、有耐性，做个有修养的听众，用心倾听孩子的心声，用心走进孩子的世界，积极发现孩子的优点，然后对孩子的优点进行发自内心的赞扬。鼓励孩子，尝试着不去批评孩子，只要父母耐心地这样去做，了解关怀孩子，孩子就会很乐意和父母在一起。如此，拥有一个心理健康的孩子并非只是梦想，孩子也能顺利迈向成功之路。

## ◎ 批评孩子，要"偷偷"地进行

每个人都会犯错，可是孩子犯了错却更容易招致批评。

为什么呢？

因为孩子常犯错？不对！

因为孩子小不懂事情，容易犯错？不对！

那是因为我们父母的眼光总是跟随着孩子的身影。

孩子的一举一动做父母的恨不得时时加以掌控。一不留神在地上摔倒了，母亲就会说："怎么这么不小心？"如果考试成绩不理想，就会有声音响起"你看看，怎么考得这么差？"倘若不小心丢了东西，就会有个声音说："怎么搞的你，总是丢三落四的？"

一个刚遭受了打击的孩子，还没有从难过、委屈、痛苦，甚至耻辱的情绪中走出来，父母往往紧跟着就是一阵暴风雨式的批评，孩子尽管心中不快，可也只好默默地忍受，胆大的或许会顶几句嘴，但这更会招来痛骂，孩子的委屈无处申诉就只有通过哭来发泄，父母又会板着脸孔训斥："哭什么哭！有什么好哭的！"

做父母的有没有想过：为什么从早到晚总是不停地批评孩子？为什么常常会针对同样的问题？难道就是因为孩子不听话，不懂事，毛病太多？

有一则如何教育孩子的故事，事情是这样的：

我国有一对夫妇带着 9 岁的女儿去德国工作，女儿在当地小学就读，不料被同班的德国小男孩"爱"上了。有一天，女孩感冒没有来上学，小男孩在班上大哭大闹，说是她不上学，他也不上学了。还说，他一定要和小女孩结婚。闹得班级无法正常上课，无奈之下，教师只好通知了他的家长把孩子领了回去。

回到家里，父母认真弄清了孩子哭闹的原委，对他说："你的想法不坏，但结婚需要婚纱、西服、戒指，还要房子、汽车，可你现在什么都没有，如果你想和中国小姑娘结婚，现在就得好好学习，将来去挣大钱。"小男孩听了这一席话破涕为笑，乖乖地上学去了，再也没有哭闹，一场风波就此平息。

我国著名教育家陶行知先生曾说过："在教育孩子时，批评比表扬还要高深，因为批评一定要讲究方法，这是一门艺术，你用得好它比表扬的效果还有用。"从德国家长的故事里，我们不难领会到这种批评的艺术。在教育孩子这方面，处处留心皆学问，我们从德国家长那儿也可以得到一些有益的启示。批评孩子要注意以下几点。

### 1. 正面引导

有些家长批评起孩子，张口闭口总是否定性语言："你真没出息""你真不争气""你真不要脸"……有的极尽挖苦讽刺之能事。如此责骂不休，真不知父母究竟要把孩子往正道上引，还是往邪路上推。恰当的做法应该是，在简明扼要地抓住要害、严肃认真地指出错误后，用肯定的语言，如"你是有出息的""肯定会争气"等，给予正确引导，鼓励孩子改正错误。

任何批评，其目的不仅在于抑制孩子的错误行为，更重要的在于激发起孩子向善向上的信心和决心。批评孩子要注意不用冷言恶语刺激孩子，而是加以引导、指明出路，这才是十分明智的做法。

### 2. 尊重人格

孩子有过错，理应批评，但其人格应受到尊重。批评应对事不对人，孩子和大人，被批评者和批评者，人格应该平等，基于这一点，做家长的才能严肃认真而又心平气和地对待孩子。批评要注意方法，如果过于严厉，就类似于镇痛药，用多了便失效。

### 3. 避免当众批评

有的父母图一时嘴快，不分时间、地点和场合当着他人的面数落孩子，殊不知，这样做最大的弊病是伤害了孩子的自尊心。批评孩子要注意避免当众进行，这可以保护好孩子的自尊心。

### 4. 看准时机

孩子一旦有错，通常要及时批评。"你等着，晚上爸爸回来见！"这策略是一种失误。如果本是上午的事，到晚上再批评，这中间孩子还要干好多事，那错事也许淡忘了。当然，及时批评也应视年龄特点及错误性质有个时间跨度，有时要抓住时机"冷处理"。

### 5. 要坚持就事论事，点到为止

批评孩子不要唠唠叨叨，没完没了。有些家长一遇到孩子犯错，就气不打一处来。往往倾盆大雨，把昔日陈谷子烂芝麻的事一股脑儿抖搂出来，搞"扩大化"，数落得孩子一无是处，这往往会导致孩子产生自卑感，失去改正缺点的信心。其实，今天发生的事未必与昨天前天的事有关联，即使有关联也不应"算总账"。我们要就事论事，不要无限外延。这种批评宜点到为止，三言两语即可作罢，这才符合孩子思想单纯的心理特征，也有利于使他们消除对批评的抵制意识，从而心甘情愿地改正缺点或错误。

**6. 相互配合**

孩子有了过错，爸爸批，妈妈护，岂不效果相互抵消，何谈教育？当然，父母对孩子的批评方式可有差别，但必须口径一致，配合默契。

## ◎ 与孩子交流时，要掌握八大沟通技巧

父母与孩子间的亲子关系是否良好，亲子沟通技巧发挥了关键作用。良好的亲子沟通能让家庭气氛更和谐，教养子女也变得更轻松。然而，还是有很多父母大叹和孩子难以沟通，或是已经尽力去和孩子"沟通"了，但亲子关系还是不太融洽。其实，孩子和大人的沟通方式有所不同，父母只有用心学习，才能掌握良好的沟通技巧，建立有效的沟通桥梁。

**1. 关心的眼神**

在和孩子说话时，父母一定要用关心的眼神注视着孩子，随时注意孩子的表情、行为，以适时给予辅导与协助，这能让孩子更有被重视的感觉。

**2. 多使用短句**

和孩子说话时，如果要充分吸引孩子的注意力，就一定要让孩子能听明白。因此，使用的句子最好短一些，并且要重复自己所说的话，直到孩子了解为止。

**3. 语调有变化**

在不影响别人的情况下，说话的语调可以高一些，或者有一些高低起伏、抑扬顿挫的变化，这样更能吸引孩子的注意力。

#### 4. 内容要具体

说话的内容要具体，而且要就事论事，否则孩子提不起足够的兴趣来交流。

#### 5. 语气要温柔

不要老是用责备的语气，多使用温柔、建议的语气，例如"不然，你说说看……""妈妈很想听听你的想法"，这样一来沟通的气氛才会好，孩子也更愿意说出自己的心事。

#### 6. 要面带微笑

当孩子愿意说出自己的心事时，请面带微笑注意倾听，这样孩子才觉得父母对自己很关心、很重视。最好不要边做其他事边听孩子说话，那样孩子今后可能就不愿意和父母进行交流了。

#### 7. 能发现优点

父母应该主动发现孩子的优点，及时给予鼓励。要知道，奖励往往比惩罚更有效，而且也有利于形成和谐融洽的亲子关系。

#### 8. 会换位思考

要将心比心，父母应该多站在孩子的立场去考虑事情，这有助于进入孩子的内心世界，让彼此之间更贴近。

## ◎ 敞开心扉，别做孩子"熟悉的陌生人"

在中国的亲子关系中，有一个很奇怪的现象：父母往往很少向孩子透露自己的内心世界，却要求孩子向父母吐露一切。这种不平等的关系是亲子沟通的一道屏障。

刘先生不苟言笑，严肃古板，是一位典型的权威型父亲。他可能从来没有体会过孩子的感觉，也可能从来没有欣赏过孩子的笑容。由于年老，他负责社区的清洁工作。社区的孩子们都知道，刘先生很凶，脾气暴躁，没人敢接近他。

刘先生的孩子们惧怕父亲，碰到爸爸在场，尤其是吃饭的时候，都不敢讲话。孩子先把爸爸的饭端上，稍有一些地方不符合父亲的意思，就得挨骂。有时邻居亲眼看见，他的小孩在做家务时，稍微动作慢一点儿，他就大吼大叫，吓得孩子们不敢讲话，只是低着头做事。

孩子们慢慢长大，都离开了家庭。这位父亲孤单地过着生活。后来，刘先生年老体衰，生病了，没有一位孩子愿意去照顾他，唯有年老的太太在身旁照顾。病症愈来愈严重，刘先生去世了，而他跟孩子的关系也随风而逝。

谁说刘老先生不爱他的孩子？他像牛马般地努力工作，谁说不是为了家人的幸福？只是因为时代与文化环境的捉弄，让他的观念跟不上来，变得僵化，不知该如何跟孩子进行有效的沟通，如何与孩子温情相处。他的苦，不是他自己愿意的啊！

传统父亲在孩子的心目中"既熟悉，又陌生"。有一位接受调查的中年人无奈地说出自己对父亲的感觉："我的父亲是个非常严肃的人。很早以前，我们的沟通就很少、很浅，单独和父亲相处，竟会带给我许多焦虑和不安。并不是因为我畏惧他，而是不知道如何处理与一位陌生人相处所带来的情绪和反应。即使到了今日，我明白这样的关系是我心中一个难解的结，但我依旧不知如何与父亲接近。"

这种父亲往往都坚持父亲的权威不容侵犯。若孩子"不听话""不乖"，等于是漠视他的命令或者是忤逆他。这会使他感觉权威地位动摇，因而他需采取非常手段（打、骂之类），巩固他的父亲地位。即使他自己做错事，也不愿向孩子道歉。他对其他人都可以道歉，唯独对自己的小孩不行。一个拥有健康人格的孩子，会愿意长期忍受父亲如此的教导方式吗？

想要建立良好的亲子沟通关系，父母总是让孩子向自己敞开心扉是不行的，父母也需要向孩子敞开心扉。父母只有向孩子敞开自己的心扉，才能得到孩子的认同，从而促进亲子关系的发展。

当孩子关切地问"你为什么不高兴啊？是不是工作上有了麻烦""你有什么麻烦，能不能告诉我"的时候，父母就应该认真地考虑一下，是否应该敞开心扉跟孩子谈一谈。但到底怎么谈呢？如果只是搪塞敷衍地说"没什么，很好"或"不关你的事，去玩你的吧"，那就等于是将孩子对父母的关心推开。

父母真诚地向孩子敞开心扉，表现了对孩子的尊重和信赖。世上没有完美无缺的人，父母也是如此。在孩子面前，以一种轻松的方式让孩子接受父母的不完美，承认自己的错误，不仅让孩子觉得你更亲近，从而加深了亲子之间的感情，而且能把一种坦然、放松的处世态度传达给孩子。

## ◎　多一点信任，能激发孩子内心的动力

对孩子信任，做孩子的朋友，能够激发孩子内心的动力，让孩子体会到被尊重和认可的快乐。

刘清为女儿榛榛制订了一套学习时间安排计划，女儿也同意了按规定玩游戏、做作业，到时间就休息。刘清终于松了口气。

可是，突然有一天，刘清出差提前回到家，发现榛榛又在房间里聚精会神地玩游戏，而且没有先完成功课。

"榛榛！"刘清大喊一声，死死地盯住女儿。

女儿急忙地把玩具藏了起来，试图做出一个笑脸，然后故作镇静地说："我做了一个小时的功课，刚刚才坐下来休息一会儿。"

"榛榛，你真让我伤心，你怎么会这样对待妈妈，你懂不懂这样做会对你有什么样的影响？你不必解释了，听我的。"看见女儿似乎要申辩，刘清急急忙忙地止住了她。

"我不想听你任何的解释，你让我失望极了，你知不知道我这样做全是为了你？"

"那你不要管我好了。"榛榛顶了一句。

"什么？"妈妈的眼睛瞪了起来，声音骤然升高。

此时，榛榛的眼睛里开始出现恐怖的表情，她在寻找退路。"不管你？这是我的责任，我当然要管。你回房间去想一想，还有……"刘清忽然想起榛榛这周末要同几个女友到同学家玩，"这周末不能去琳琳家玩儿。"

"为什么？"榛榛大叫，愤怒和绝望像洪水一样地扭曲了她的五官，"我要去，我就要去，你是一个坏妈妈。"

看着女儿那种狂怒的表情，刘清也有些不安了。她知道女儿是多么盼望着这个机会能与小伙伴一起玩儿。但她的愤怒和自尊都阻止她收回这道"命令"。

"是你自己取消了这次机会。"

"为什么？这与玩儿有什么关系呢？我就要去，看你怎么办！"女儿暴跳如雷，她此时困兽似的表情和姿态是刘清最不愿意看到的。

"你马上停止，不然我要发火了。"

"你已经发火了。我就这样，怎么样？"

"啪，啪！"刘清狠狠地在女儿背后拍了两下。

"哇！"女儿哭着冲进自己房中，"哐啷"一声将门关上。

随着这两下，刘清的气发泄了，却感到十分的内疚，有一种被击败的感觉。

我们来看一下刘清在看到女儿违反自己规定那一刻的心理活动：看到女儿在自己不在时玩玩具，刘清首先想到的是在做了许多工作后女儿仍然无视自己的要求，做妈妈的辛苦和委屈都奔涌出来。更想到睡眠不足对女儿身体的影响，女儿以往不尽如人意的事情也一件件地在脑子中映现出来。她不相信女儿，没有给女儿任何解释的机会，就下了结论。

诚然，对孩子不关心、不在意的母亲一定是不称职的母亲。但用规定强求孩子，一旦出了问题就过于鲁莽地、不加思索地采用不正确方式对待孩子的母亲，即使她内心多么关心孩子，在我们看来，她根本就是个失职的母亲，因为她没有做到相信自己的孩子。

父母与子女的相互信任是成功家教的重要因素。一些教育专家在家庭调查中发现，子女对父母有特殊的信任，他们往往把父母看成是自己学习上的蒙师，德行上的榜样，生活上的参谋，感情上的挚友。他们也特别希望能得到父母的信任。他们认为，只有父母的信任，才是真实、可靠的。父母的信任意味着压力、重视和鼓励，这是真正触动他们心灵的动力。

许多普通的、不为老师和家长看好的孩子，他们的潜能表现在日常生活的细微之处，做父母的一定要对他们充满信心，坚信只要是生命就能绽开灿烂的花，耐心地帮助孩子挖掘出那种闪烁着独特光芒的潜质，让它成为打开孩子生命潜能的金钥匙。

充分信任孩子，才能感染孩子，激励孩子；充分信任孩子，才能使孩子的潜能得到最充分的展现。对孩子的信任，能够激发孩子内心的动力，让孩子体会到成功的快乐。他们会在父母充满信任的目光和言语中，自己从摔倒的地方爬起来，一步一个脚印地走向成功，实现他们心中的理想。

## ◎ 只要肯放手，就能发现孩子的无穷潜力

著名教育家陈鹤琴曾提出："凡是孩子自己能做的，应该让他自己去做；凡是孩子自己能够想的，应该让他自己想。"父母们只要肯放开手，就会惊奇地发现孩子的潜力是无穷的，他们能做许多在父母看起来不可能做到的事情。

马峰出生在一个富裕的家庭，父母都是公司高管。在家里，马峰这根独苗简直成了"小皇帝"，从来都是说一不二。父母处处唯命是从，真是"顶在头上怕摔了，含在口中怕化掉"。娇生惯养，达到了登峰造极的地步。可怜天下父母心啊！"小皇帝"一天天长大，却什么事都要依赖父母，已经上四年级了，还让父母背着走。这时候，父母才觉察到了溺爱孩子的害处，这样下去，不用说让马峰成才，就连生活自理都成问题。夫妇俩决定改变一下爱孩子的方式，以使孩子能够得到正常发展。

有一天，马峰硬要钱去买哈密瓜吃，得到的却是父母的白眼。再有一次马峰要玩遥控飞机，伸手去爸爸口袋里掏钱，没想到竟挨了一巴掌……夫妇俩严格地"控制"着儿子，连一些正当的要求也不肯满足他，这巨大的反差，使儿子产生强烈的不满和怨恨。有一天，他趁父母不在，撬开大立柜，摸出100元钱，就到街上吃喝玩乐去了。

夫妇俩并没有察觉到儿子的异常行为，反而为儿子不再像从前那样伸手了而感到很满意：还是严点儿好，这孩子还懂得父母心。夫妇俩哪里知道，儿子自从第一次偷拿钱以后，便变得毫无忌

惮了。他由偷拿100元钱发展到偷拿几百元钱，甚至把大立柜里一张3 000元钱的活期存折都拿走了。夫妇俩终于发现了儿子的"秘密"，顿时火冒三丈——父亲抢起了巴掌，沉稳的母亲也动了拳脚，直打得独生子哭天喊地，好不悲凉。

饱尝了皮肉之苦的"小皇帝"开始对父母疏远了，常常饿着肚子也不回家吃饭。这时，一帮小哥们围上了他，他们给他饭吃，给他钱花，并引诱他偷窃钱包。马峰被人当场抓住过三次，只是被偷者见他年纪小，没忍心对他大动干戈罢了。马峰并未引以为戒，痛加改悔，反而变本加厉，以致先后四次被送到派出所。

上述案例是一个控制孩子过严酿成的悲剧。假如因为这样教育出了不听话的孩子，那么责任应该谁来负呢？自然是父母。

有时候孩子不听话，是其要求独立自主的表现。独立自主是健康人格的重要构成，它对孩子的生活、学习质量以及成年后事业的成功和家庭生活的美满都具有非常重要的影响力。

在现实生活中，许多父母为了让孩子专心学习，什么事都不让孩子去做。早晨起床帮孩子叠被，上学前帮孩子准备学习用具，经常被孩子埋怨忘了帮他准备某些学习用具。

要知道，孩子并不是生来就是这样依赖父母的，他们的依赖性一般来说都和父母的包办代替有关。父母包办、代替得越多，孩子的依赖性就越强。反之，如果父母不插手孩子可以做的事，没有了依靠，孩子就会自己动手开始做了。

应当说，马峰的父母教子观念转变得并不迟。可是，他们却不该由溺爱的极端走上严加限制的极端。

在孩子成长的过程中，有一天父母会发现，喂饭时，孩子把头躲开，并伸手抢你手中的筷子或勺子。孩子的动作告诉我们什么呢？那就是他要自己吃饭。如果父母不理会孩子的动作，还是一贯地给孩子喂饭，那么久而久之，孩子也没有兴趣自己学着吃饭了。而智慧型的父母会从孩子的动作中觉察到孩子的需要，并做好让孩子自己吃的准备。如准备好不怕摔坏的碗，适合孩子使用的筷子和勺子，适合孩子坐的椅子。当孩子再吃饭时，父母就不喂了，而是让孩子自己拿着勺子或筷子吃饭。尽管孩子的动作显得十分笨拙，但每一个动作都是很认真的。当他把第一勺饭放到嘴里时，他会体味到一种从来没有过的快乐。

## ◎ 孩子犯错时，不粗暴专制地对待孩子

当孩子犯了错误的时候，父母应耐心细致地做好孩子的思想工作，告诉他哪儿错了，为什么错了，同时还要告诉他，同样的错误不要再犯，要及时地纠正，要吸取教训。切莫用简单粗暴的方式对待孩子。

葛竞刚是某小学四年级的学生，最近，老师发现葛竞刚变了，以前活泼开朗、上课积极发言的他，现在变得沉默寡言，总是一个人发呆，学习成绩也下降了。

老师经过细心地了解和与葛竞刚耐心地谈话，才知道了葛竞刚变化的原因。

葛竞刚以前特别爱说话，每天放学回家后，都会把学校发生的趣事说给父母听，可葛竞刚的父亲是位车间工人，没什么文化，他把全部希望都寄托在葛竞刚身上，希望葛竞刚将来能考上大学，出人头地，因此对葛竞刚的学习抓得特别紧。

他觉得葛竞刚说的这些话都没用，纯粹是浪费时间。因此葛竞刚说话时，父亲总是会打断他："别说了，光说废话，一点用也没

有，你把这心思放在学习上多好，快去做作业！"

一次葛竞刚说班里发生的一件事，正说得兴高采烈时，父亲说："说了你多少次了，别说这些废话，你还说，再记不住，看我不打你！"吓得葛竞刚一个字也不敢说，回到自己房间里去了。

葛竞刚以前也特别爱提问题，总爱问个"为什么"。开始时，父亲还回答，后来葛竞刚问得多了，父亲不耐烦了："别问了，就你那么多事，问那么多干什么，去，学习去！"父亲把眼一瞪，葛竞刚不敢再说了，因为他知道父亲脾气不好，生气了会打人的。慢慢地，葛竞刚在家里的话越来越少了，每天放学都闷在自己的房间里，因为父亲也不让他出去玩，渐渐地葛竞刚的性格也就变了。

家长总是喜欢随意打断孩子的诉说，用命令压制孩子，不给孩子倾诉的机会，这必然会造成亲子之间沟通的障碍。这样，家长也就听不到孩子内心的想法，听不到孩子的心声，了解不到孩子的所思所想。孩子出现了什么问题，家长也不会知道，问题也就不会得到及时解决，这对孩子的心理必然造成严重的消极影响。

另外，家长总是打断孩子的诉说，不给孩子说话的机会，孩子想说的话说不出来，总是憋在心里，也对孩子的心理发展不利。

聪明的家长，在孩子倾诉时，不要随意打断孩子的话，而是给孩子一个尽情倾诉的机会，这样家长才能更了解孩子，而且还会拉近与孩子之间的距离，使自己和孩子之间的感情更融洽。

在中国，自古以来父母对孩子最拿手的教育方法就是打。"打是亲，骂是爱，不打不骂是祸害""树不修不成料，儿不打不成才""棍棒底下出孝子"，这都是历史上相传的教子经验。孩子犯了错，一些脾气暴躁的父母在恨铁不成钢的恼怒下，失去理智地对孩子进行打骂，想以此来促使孩子改正错误。

然而，打骂这种粗暴的教育方法，不但不能达到父母的教育目的，而且会使孩子形成说谎、冷漠、孤僻、仇视、攻击等心理问题，而这，往往会使孩子日后产生不良行为，甚至走上犯罪的道路，造成孩子出走、自杀等令人终生遗憾的事情的发生。

心理学实践证明，存在心理问题的孩子，大多是因为父母采取了"单向教育"，他们不了解孩子的内心，刻板地说教，粗暴地打骂，无情地强制，在精神上虐待。这样不仅恶化了亲子关系，还让孩子丧失了安全感和归属感，从而影响了孩子的身心健康和个性的健全发展。

## ◎ 不急于纠正孩子的"出格"

强烈的"出格"思想对孩子的成长是有害的，但孩子的"出格"思想也有其不可忽视的积极因素。认识到了这一点，有助于正确对待孩子的"出格"，因势利导地教育孩子。

10岁的伊雪想了好长时间才开始动笔，一出手就画了半只鸭子！其他陪各自孩子画画的父母们看见她一张大纸中间什么都没有，却在画纸边上画了半只鸭子，都觉得不可思议，开始七嘴八舌地议论起来：怎么只画个鸭屁股呀？画到边上干什么？……伊雪妈妈也说："你看人家画得多好！你看你！""哪有画半只鸭子的呢？怎么能画得这么不完整？都到纸外面去了！把纸翻过去重画吧！"

老师赶紧过来看了看，说："让孩子画完，不要着急！孩子一定有她自己的想法！"果然，伊雪下笔后，似乎胸有成竹，很快完成了那幅画。

老师让她给大家讲讲画的内容，伊雪简单地讲了一下她画的故事：“鸭妈妈和鸭宝宝出去玩，走散了。小鸭去问青蛙妈妈：‘你好！你看到我的妈妈了吗？’青蛙妈妈说没看到。小鸭又问乌龟姐姐：‘你好！你看到我的妈妈了吗？’乌龟姐姐也说没看到！最后小鸭终于找到了自己的妈妈。原来，妈妈去找妹妹了！妈妈带着小鸭和妹妹一起去了游乐场！”

这时，大家才明白，原来那画面上的半只鸭子，是跟着妈妈的小鸭子。妈妈和妹妹已经走出画面了，而小鸭子才走出去一半。

看着画面，老师为孩子的创意感到欣喜，伊雪的妈妈也感到震惊。

对于一个10岁的孩子来说，做的事情虽然出乎父母的意料，可是这样丰富的想象力是多么宝贵呀！

现在孩子们的生存、成长环境，无论是家庭还是社会，都和父母小时候不一样了。他们接触社会、接触新事物更早、更广泛，他们面对的世界更精彩。这就更容易增强他们的好奇心，容易使他们突发奇想，有意无意地做出一些出格的事来。

针对这种情况，国内教育专家们指出：面对孩子的诸多出格行为，如果父母简单地将其看成越轨、破坏纪律而加以批评和限制，可能就会把一些孩子的主动性和创造性扼杀在了摇篮里。

反之，如果父母能够正确地对待孩子的“出格”行为，对他们加以正确的引导，调动他们的主动性和创造性，培养他们的创造精神和战胜困难挫折的勇气，那么在“出格”的孩子们中间一定会出现更多的人才。

教育专家指出，“出格”对于孩子的成长有如下几方面的积极作用：

### 1. 有利于孩子独立性的发展

孩子的"出格"大多发生在青春期。青春期的孩子处在生理发育的高峰期，这一阶段也是心理发展的巨变时期。这个时期是由孩子向成人过渡的心理"断乳期"，他们不再像儿时那样依恋父母，也不再把父母看作是"至高无上"的"权威"。这样的心理，如果能悉心保护，正确引导，有利于其独立性和创造性的发展。

### 2. 有利于孩子情绪的调节

孩子处于发育的过渡时期，其中枢神经系统活动的基本过程，一般是兴奋过程强于抑制过程。有"出格"思想的孩子，是不会让情绪长期滞留在心中的，发泄之后情绪便会得到调节，对孩子的心理健康是十分有益的。

### 3. 有利于培养孩子的求异思维

孩子的"出格"思想，有时是针对传统思想的束缚而产生的。传统观念认为是这样的，而具有"出格"思想的孩子偏偏认为是那样的。虽然有时可能"钻牛角尖"或失之偏颇，但更多的时候，却是他们求异思维的表现，他们在试图独辟蹊径，从其他角度来观察和分析问题。

### 4. 有利于孩子形成开拓的个性

孩子产生"出格"的思想，实质上是他们心理上对于常规的"突破"。当他们心理上进入"突破"阶段后，表现出来的，就不再是过去的听话和顺从，而是勇敢和冒险。现代社会充满着竞争，从小培养孩子好胜、敢闯的心理素质，有利于其形成开拓、进取的个性。

所以，一个合格的父母应该能够正确认识和对待孩子的"出格"，并积极引导孩子，使其朝着富有建设性的健康方向发展。

那么，父母应该如何正确对待孩子的"离经叛道"的"出格"

行为呢？教育专家为广大父母们提供了如下对策。

### 1. 正确理解孩子的"出格"

父母要知道，孩子的一些"出格"行为其实是对于自己生理心理成熟的一种尝试性反应。绝大多数并非父母所想象的那样，是孩子真的学坏了，而只是孩子个体成熟的心理反应而已。

### 2. 正确应对孩子的"出格"

父母发现孩子的"出格"行为时，的确需要表明态度，但是，方式方法非常重要。应该给孩子一个平等对话的机会，避免因为简单粗暴而伤害了孩子的感情，甚至激发孩子的逆反心理，推动孩子走向父母希望的反面。

建议父母在这个时候，可以采取"主动式倾听"，最好由父亲来处理儿子的问题，母亲来处理女儿的问题，这样的话共同语言会多得多。父母可以坐在孩子身边，主动和孩子聊聊这方面的问题，可以告诉孩子自己在这方面的一些经验和体会。

### 3. 用沟通交流走入孩子的心扉

交流、沟通是走进孩子心灵的最好方法。面对"出格"的孩子，和他们进行良好沟通是引导他们的必要前提。

每个父母都应该提高自己和孩子交流沟通的能力，只有如此，才能够走进孩子的心扉，摸透孩子的想法，才能采取具有针对性的、高效的教育方法。

作为一名合格的父母，一定要敢于接受孩子的"出格"，要能够善待孩子的"出格"行为，引导孩子走向精彩的人生。